大学数学 スポットライト・シリーズ ❽

編集幹事
伊藤浩行・大矢雅則・眞田克典・立川 篤・新妻 弘
古谷賢朗・宮岡悦良・宮島静雄・矢部 博

変分問題
直接法と解の正則性

立川 篤 著

近代科学社

◆ 読者の皆さまへ ◆

　平素より，小社の出版物をご愛読くださいまして，まことに有り難うございます．

　㈱近代科学社は 1959 年の創立以来，微力ながら出版の立場から科学・工学の発展に寄与すべく尽力してきております．それも，ひとえに皆さまの温かいご支援があってのものと存じ，ここに衷心より御礼申し上げます．

　なお，小社では，全出版物に対して HCD（人間中心設計）のコンセプトに基づき，そのユーザビリティを追求しております．本書を通じまして何かお気づきの事柄がございましたら，ぜひ以下の「お問合せ先」までご一報くださいますよう，お願いいたします．

　お問合せ先：reader@kindaikagaku.co.jp

　なお，本書の制作には，以下が各プロセスに関与いたしました：

・企画：小山　透
・編集：小山　透，高山哲司
・組版 (TeX)・印刷・製本・資材管理：藤原印刷
・カバー・表紙デザイン：菊池周二
・広報宣伝・営業：冨髙琢磨，山口幸治，東條風太

・本書の複製権・翻訳権・譲渡権は株式会社近代科学社が保有します．
・ JCOPY 〈(社)出版者著作権管理機構 委託出版物〉
　本書の無断複写は著作権法上での例外を除き禁じられています．
　複写される場合は，そのつど事前に(社)出版者著作権管理機構
　（電話 03-3513-6969，FAX 03-3513-6979，e-mail: info@jcopy.or.jp）の
　許諾を得てください．

大学数学 スポットライト・シリーズ
刊行の辞

　周知のように，数学は古代文明の発生とともに，現実の世界を数量的に明確に捉えるために生まれたと考えられますが，人類の知的好奇心は単なる実用を越えて数学を発展させて行きました．有名なユークリッドの『原論』に見られるとおり，現実的必要性をはるかに離れた幾何学や数論，あるいは無理量の理論がすでに紀元前300年頃には展開されていました．

　『原論』から数えても，現在までゆうに2000年以上の歳月を経るあいだ，数学は内発的な力に加えて物理学など外部からの刺激をも様々に取り入れて絶え間なく発展し，無数の有用な成果を生み出してきました．そして21世紀となった今日，数学と切り離せない数理科学と呼ばれる分野は大きく広がり，数学の活用を求める声も高まっています．しかしながら，もともと数学を学ぶ上ではものごとを明確に理解することが必要であり，本当に理解できたときの喜びも大きいのですが，活用を求めるならばさらにしっかりと数学そのものを理解し，身につけなければなりません．とは言え，発展した現代数学はその基礎もかなり膨大なものになっていて，その全体をただ論理的順序に従って粛々と学んでいくことは初学者にとって負担が大きいことです．

　そこで，このシリーズでは各巻で一つのテーマにスポットライトを当て，深いところまでしっかり扱い，読み終わった読者が確実に，ひとまとまりの結果を理解できたという満足感を得られることを目指します．本シリーズで扱われるテーマは数学系の学部レベルを基本としますが，それらは通常の講義では数回で通過せざるを得ないが重要で珠玉のような定理一つの場合もあれば，ε-δ論法のような，広い分野の基礎となっている概念であったりします．また，応用に欠かせない数値解析や離散数学，近年の数理科学における話題も幅広く採り上げられます．

本シリーズの外形的な特徴としては，新しい製本方式の採用により本文の余白が従来よりもかなり広くなっていることが挙げられます．この余白を利用して，脚注よりも見やすい形で本文の補足を述べたり，読者が抱くと思われる疑問に答えるコラムなどを挿入して，親しみやすくかつ理解しやすものになるよういろいろと工夫をしていますが，余った部分は読者にメモ欄として利用していただくことも想定しています．

　また，本シリーズの編集幹事は東京理科大学の教員から成り，学内で活発に研究教育活動を展開しているベテランから若手までの幅広く豊富な人材から執筆者を選定し，同一大学の利点を生かして緊密な体制を取っています．

　本シリーズは数学および関連分野の学部教育全体をカバーする教科書群ではありませんが，読者が本シリーズを通じて深く理解する喜びを知り，数学の多方面への広がりに目を向けるきっかけになることを心から願っています．

編集幹事一同

まえがき

「数学スポットライト・シリーズ」の執筆を依頼されたとき，またとないチャンスと思い，すぐにお引き受けしたが，実際に書こうとなると，どのような内容にすべきか大いに迷った．「大学3年生位を対象に，一つの分野にスポットライトを当てて，一冊150ページくらい」とのことだったので，内容は自分の専門としている変分問題の解の正則性に関する話題を選べばよいとして，問題は「どのくらいの内容から始めてゴールをどのあたりに設定するか」であった．散々悩んだ末，まず「3年生対象」を勝手に拡大解釈させてもらい，「数学科3年だからルベーグ積分はある程度習っている」ことを前提とし，1980年代に調和写像の研究と関連して，めざましく発展した変分問題の弱解の正則性理論を，ジャクインタ–ジュスティによる部分正則性に関する結果をゴールとして，「最短コースでたどろう」という方針を立てた．このコースを選んだ理由は，その中にカンパナート空間，モレー空間，逆ヘルダー不等式，"blow up method"，次元降下法等々，正則性理論で重要な役割を果たす内容のかなりの部分のエッセンスが盛り込めることにあった．

第0章では導入のため，簡単ないくつかの例を挙げた．第1章では後の章で必要となるルベーグ積分，関数解析，ルベーグ空間，ソボレフ空間等の内容を，証明抜きで詰め込んだ．この部分にすべて証明を付けたら，本の厚みは倍くらいにはなったであろう．第2章では凸性を満たす汎関数を最小化する写像の存在を「直接法」によって示す方法を解説した．第3章からがいよいよ本題である．第3章では差分商とカッチョッポリの不等式を用いて，解の正則性を得る方法を簡単な線形方程式系に対して解説した．第4章では正則性理論に重要な役割を果たすモレー空間，カンパナート空間を導入し，線形方程式系の弱解に対する基本的な結果を紹介した．この章で紹介するいくつかの評価は，第6章で重要な役割を果たすことになる．第5

章ではジャクインタ – モディカによる逆ヘルダー不等式を紹介した．
これはもともと「局所化されたゲーリングの不等式」等と呼ばれてい
たものである．確かに現れる不等式の形はゲーリングによって示さ
れたものとほとんど同じだが，積分領域が異なり，この点に応用上本
質的な差がある．逆ヘルダー不等式の証明には，スティルチェス積
分を含む複雑な議論を避けて通ることができず，証明を省略しようか
とも思ったが，正則性に関する部分は極力 "self-contained" にすると
いう方針の下，証明も含めて述べた．第 6 章では，本書のゴールに設
定したジャクインタ – ジュスティによる，"quadratic functional"
と呼ばれる汎関数に対する，部分正則性に関する結果（の一部）を
解説した．

　本書で紹介した手法の多くは，今日では "classical method" とも
呼ばれる内容であるが，今なお新たな多くの論文の中で使われてお
り，その重要性は減じていない．もちろん，この分野を本気で勉強
しようという方には，本書の内容では不十分であり，ジャクインタや
ジュスティらによる専門書 [4, 7, 12] を読まれることをお勧めする．
本書がこれらの専門書への橋渡しの役目を多少なりとも果たせれば，
筆者としてこれにまさる喜びはない．

　なお，全体を通じて，名前が登場する数学者について簡単な傍注
を付けた．これには私もご多分に漏れず，インターネットを大いに
活用させてもらった．調べていく中で，ルベーグ積分以降の近代的
な解析学の基礎を築いた偉大な数学者の多くも，スターリン体制や
戦争の犠牲となり，過酷な人生を強いられていたことを改めて認識
させられた．

　本書の完成にあたっては，博士課程の学生であった薄羽邦弘博士
が，就職直後の多忙を極めるなかで，草稿を丁寧に閲読し，多数の
ミスを見つけてくださった．また，近代科学社の小山透社長には浅
学菲才の私に執筆の機会を与えていただき，同社の石井沙知氏，高
山哲司氏，安原悦子氏には編集段階で大変にお世話になった．これ
らの方々に心より感謝申し上げる．

2018 年 3 月

立川　篤

目　次

まえがき iii

0　変分問題とは ── いくつかの例

1　準備

1.1　ルベーグ積分からの準備 12

1.2　関数解析からの準備 16

1.3　ヘルダー空間，ソボレフ空間 21

2　存在定理，オイラー–ラグランジュ方程式

2.1　抽象的な枠組みでの存在定理 35

2.2　最小化列の「収束性」 37

2.3　凸性と下半連続性 38

2.4　直接法による存在定理 41

2.5　オイラー–ラグランジュ方程式とその弱解 42

3　弱解の正則性 ── 線形の場合

3.1　偏微分方程式とその分類 49

3.2　カッチョッポリの不等式 51

3.3　差分商による方法 55

4 弱解の $C^{0,\alpha}$-評価, $C^{1,\alpha}$-評価

4.1 モレー空間とカンパナート空間	69
4.2 定数係数の場合	79
4.3 連続係数の場合	82
4.4 有界係数の場合：反例	92

5 逆ヘルダー不等式と Higher Integrability

5.1 準備：カルデロン–ジグムント立方体，ルベーグ–スティルチェス積分 etc.	98
5.2 逆ヘルダー不等式	103
5.3 Higher Integrability	118

6 部分正則性

6.1 ハウスドルフ測度・ハウスドルフ次元	131
6.2 部分正則性	134
6.3 収束性補題と単調性補題	146
6.4 特異点集合の次元評価の改良，次元降下法	161
6.5 そして・・・	173

参考文献	175
索 引	179

0 変分問題とは
―― いくつかの例

変分問題とは，数学の立場では一口に言って，ある汎関数の極値を与える関数を求める問題である．高校数学でも習う関数の極値を求める問題を関数空間上で考えたものと思ってもらえばよい．もっとも，関数の極値を求めるときは，微分して「導関数 = 0」とおき，その方程式から極値を与える点を求めればよかったが，汎関数の極値を求めるのはそれほど単純にはいかない．

ある現象が変分問題の解としてえられるとき，その現象は「**変分原理に従う**」と言われ，変分問題を扱う数学の分野は**変分法**と呼ばれている．実に多くの自然現象が変分原理に従って起こり，また様々な物の形が変分原理によって説明できる．例えば，針金で枠を作って石鹸膜を張らせると，その形は石鹸膜の張力によってできるだけ小さくなろうとし，「与えられた曲線を境界に持つ曲面のうち面積を最小にするものを求めよ」という変分問題の解として得られる．また，自然現象のみならず，「できるだけ楽をしたい……」すなわち「労力を最小にしよう」と思ってしまう私のような凡人の精神も「変分原理」に支配されているのかもしれない……．

古来，人間は自然現象を支配する諸法則，さらにそれらの背後にあるであろう何らかの「原理」に思いを馳せてきた．変分原理が明確な形で提唱されたのは，おそらくモーペルテュイ[1]の「最小作用の原理」によってであろうが，その哲学的な側面はそれ以前にライプニッツによる「予定調和」にも見られる．その後，ベルヌーイ（兄弟），オイラー，ラグランジュ等により学問として確立されていった．

能書きはこのくらいにして，数学の話に戻って，いくつかの例を挙げよう．まず，最も簡単な「最短線」の話から始める．

[1] Pierre-Louis Moreau de Maupertuis (1698–1759). フランスの数学者，天文学者．当時，地球の形について，回転軸方向に扁平なのか逆に細長いのかという論争が繰り広げられていた．これに決着をつけるため赤道付近と北極付近で緯線の長さを実測することとなった．このとき北極圏へ派遣された隊の指揮をとったのがモーペルテュイである．この実測結果により，扁平であるという事実が判明し，論争に決着がついた．その後，彼はフランスの科学アカデミー会長，プロイセン科学アカデミー会長を歴任した．なお，最小作用の原理の発見者としてはオイラーが先んじていたとか，さらに遡ってライプニッツとすべき等の異説もある．

> **例 1**
> ユークリッド空間 $\mathbb{R}^n$ 内に 2 点 $p = (p^1, ..., p^n)$, $q = (q^1, ..., q^n)$ を与える. p と q を結ぶ曲線のうちで, 最短のものを求めよ.

なにも計算しなくても, 答えが線分となることは誰でも知っているだろう. しかし, 今後のために, あえて多少大面倒な計算により答えを導こう. なお, この章においては, 細かい厳密な議論はせず, 扱う関数はすべて十分に微分可能であるとしておく.

曲線 $c: [0, 1] \to \mathbb{R}^n$ を,

$$c(t) = \bigl(c^1(t), ..., c^n(t)\bigr)$$

と表すとき, 曲線 c の長さ $L(c)$ は,

$$L(c) := \int_0^1 \Bigl|\frac{dc}{dt}(t)\Bigr| dt$$

で与えられる. ただし, $|\cdot|$ は通常のユークリッドノルムを表す. すなわち,

$$\Bigl|\frac{dc}{dt}(t)\Bigr| = \Bigl\{\sum_{k=1}^n \Bigl(\frac{dc^k}{dt}(t)\Bigr)^2\Bigr\}^{1/2}$$

である. さて, p と q を結ぶ二つの曲線 $c(t)$, $\gamma(t)$ を考えたとき, どちらも $t = 0$ で p, $t = 1$ で q となるとしてよい. したがって, $\varphi(t) = c(t) - \gamma(t)$ とおけば, $\varphi(0) = \varphi(1) = 0$ が成り立つ. 逆に, p, q を結ぶ曲線 c に対して, $\psi: [0, 1] \to \mathbb{R}^n$ が,

$$\psi(0) = \psi(1) = 0 \tag{0.0.1}$$

を満たすとき, $s \in \mathbb{R}$ に対して $c_s(t) := c(t) + s\psi(t)$ とおくと, c_s はすべて p と q を結ぶ曲線となる.

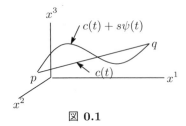

図 **0.1**

今，c が最短曲線としよう．$\Phi(s) := L(c_s)$ とおくと，関数 $\Phi(s)$ は $s=0$ において最小値をとる．Φ が微分可能な関数と仮定してしまうと，$\frac{d\Phi}{ds}(0)=0$ となる．次に，この $\frac{d\Phi}{ds}$ を（s に関する微分を，積分の中に入れてよいとして）と計算すると，

$$
\begin{aligned}
\frac{dL}{ds} &= \int_0^1 \frac{d}{ds}\left(\left|\frac{d(c+s\psi)}{dt}(t)\right|\right)dt \\
&= \int_0^1 \frac{1}{2}\left|\frac{d(c+s\psi)}{dt}(t)\right|^{-1} \\
&\qquad \cdot 2\sum_{k=1}^n \left(\frac{dc^k}{dt}(t)\cdot\frac{d\psi^k}{dt}(t) + s\left(\frac{d\psi^k}{dt}(t)\right)^2\right)dt
\end{aligned}
$$

となる．したがって，$\frac{dL}{ds}(0)=0$ とおくと，

$$
\int_0^1 \left|\frac{dc}{dt}(t)\right|^{-1}\cdot\sum_{k=1}^n \left(\frac{dc^k}{dt}(t)\cdot\frac{d\psi^k}{dt}(t)\right)dt = 0
$$

となる．部分積分すると，ψ が積分区間の両端点で 0 となっているので，

$$
\int_0^1 \sum_{k=1}^n \frac{d}{dt}\left(\left|\frac{dc}{dt}(t)\right|^{-1}\frac{dc^k}{dt}(t)\right)\cdot\psi^k(t)dt = 0 \qquad (0.0.2)
$$

を得る．c が最短曲線であれば，(0.0.2) が (0.0.1) を満たすどのような ψ に対しても成り立つので，$c(t)$ は微分方程式，

$$
\frac{d}{dt}\left(\left|\frac{dc}{dt}(t)\right|^{-1}\frac{dc^k}{dt}(t)\right) = 0 \qquad (k=1,...,n) \qquad (0.0.3)
$$

を満たす．このままさらに計算を進めようとすると，次に括弧内を微分しなければならないので，少々面倒である $\cdots$．ここで，$\left|\frac{dc}{dt}\right|$ が何であるか考えてみよう．これは曲線 c の上をパラメータ t に従って動くときの，速度ベクトルの大きさ，いわゆる「速さ」である．曲線の長さは，その上を移動するときの「速さ」には無関係に決まるので，この「速さ」が一定，すなわち t に関して定数であると仮定してしまってもよい．$\left|\frac{dc}{dt}\right| = S_0$（定数）とおいてしまうと，(0.0.3) は，

$$
S_0^{-1}\frac{d^2c^k}{dt^2}(t) = 0 \qquad (k=1,...,n)
$$

となる．これより，各 $c^k(t)$ は 1 次関数となり，最短曲線 c は線分

であることが分かる.

次に，曲線のエネルギーについて同様の問題を考えてみよう．ニュートン力学に従えば，速度 v で動く質量 m の質点のエネルギーは $m|v|^2/2$ で与えられる．考えている質点が曲線 $c : [0,1] \to \mathbb{R}^n$ に沿って動くとき，速度ベクトルは $\frac{dc}{dt}(t)$ で与えられるので，各点 $c(t)$ のエネルギーは $\frac{m}{2}\left|\frac{dc}{dt}(t)\right|^2$ により与えられる．曲線 c のエネルギー $\mathcal{E}(c)$ を，

$$\mathcal{E}(c) := \int_0^1 \frac{1}{2}\left|\frac{dc}{dt}(t)\right|^2 dt$$

により定義する.

例 2

空間 $\mathbb{R}^n$ 内に 2 点 $p = (p^1, ..., p^n)$, $q = (q^1, ..., q^n)$ を結ぶ曲線のうちでエネルギーを最小とする曲線を求めよ.

前の例と同様に $c_s(t)$ を定め，各 s に対して曲線 c_s のエネルギーを対応させる関数を $\Psi(s)$ とおくと，

$$\Psi(s) = \frac{1}{2}\int_0^1 \left|\frac{d(c+s\psi)}{dt}(t)\right|^2 dt$$

となる．曲線 c がエネルギーを最小化するとして，$\frac{d\Psi}{ds}(0) = 0$ とおくと，前と同様の計算により，

$$
\begin{aligned}
0 &= \left. \frac{1}{2}\frac{d}{ds}\int_0^1 \left|\frac{d(c+s\psi)}{dt}(t)\right|^2 dt \right|_{s=0} \\
&= \int_0^1 \sum_{k=1}^n \frac{dc^k}{dt}(t)\frac{d\psi^k}{dt}(t)dt \\
&= -\int_0^1 \sum_{k=1}^n \frac{d^2c^k}{dt^2}(t)\psi^k(t)dt
\end{aligned}
$$

となる．最後の等号は，前の例と同様に，部分積分と $\psi(0) = \psi(1) = 0$ であることより得られる．これが $\psi(0) = \psi(1) = 0$ を満たす任意の ψ に対して成り立つので，

$$\frac{d^2c^k}{dt^2}(t) = 0 \quad (k = 1, ..., n)$$

となる．前の最短線の例では，途中で $\left|\frac{dc}{dt}\right|$ が一定であるという仮定

をおいたが，今回はこのような仮定なしで，各 $c^k(t)$ が 1 次関数であることが得られた．すなわち，エネルギーを最小化する曲線は単に形が線分であるだけでなく，等速直線運動に対応するものとなる．

以上で，最短曲線は線分であり，エネルギーが最小となる曲線は線分上の等速運動，すなわち等速直線運動であることが分かった．では，曲線の形を与えて，その上を点が動くとき，どのように動けばエネルギーが最小となるであろうか？言い換えれば，曲線が与えられたとき，パラメータをどのように選べばエネルギーが最小となるか？

例3

曲線 $c(\tau)$ $(0 \leq \tau \leq 1)$ が与えられているとする．エネルギーを最小とするパラメータのとり方はどのようなものとなるか？

曲線のパラメータを取り替えるので，これまでの話より少々複雑である．この「曲線のパラメータ」のとり方の変化を表すパラメータを s とし[2]，s の動く範囲を $(-\varepsilon, \varepsilon)$ $(\varepsilon > 0)$ としよう．具体的には次のように曲線族 $u(s,t)$ を考える．2 変数の関数 $\eta : (-\varepsilon, \varepsilon) \times [0,1] \to [0,1]$ で，

$$\eta(s, 0) = 0, \quad \eta(s, 1) = 1 \tag{0.0.4}$$

をすべての $s \in (-\varepsilon, \varepsilon)$ に対して満たすものを考え，この $\eta(s,t)$ に対して，$u(s,t) := c(\eta(s,t))$ とおく．この条件 (0.0.4) により，各 s に対して，t が 0 から 1 まで動くとき，η も必ず 0 から 1 まで動くことになり，s を $s = s_0$ と一つ固定すると，$u(s_0, t)$ はパラメータのとり方も含めて一つの曲線を与え，その曲線の「形」は常に c と一致している．

各 s に曲線 $u(s,t)$ のエネルギーを与える関数を $\Gamma(s)$ とおくと，

$$\Gamma(s) = \int_0^1 \frac{1}{2} \left| \frac{\partial u}{\partial t}(s,t) \right|^2 dt$$

となる．$\frac{d\Gamma}{ds}$ を計算すると，

$$\frac{d\Gamma}{ds}(s) = \int_0^1 \frac{1}{2} \frac{\partial}{\partial s} \left| \frac{\partial u}{\partial t}(s,t) \right|^2 dt = \int_0^1 \frac{\partial u}{\partial t}(s,t) \cdot \frac{\partial^2 u}{\partial s \partial t}(s,t) dt$$

となる．なお，ここでは・でユークリッド空間の内積を表す．条件

[2] 要するに「s を一つ定めるとパラメータのとり方が一つ決まる」ということである．

(0.0.4) より，

$$\frac{\partial \eta}{\partial s}(s, 0) = \frac{\partial \eta}{\partial s}(s, 1) = 0 \qquad (0.0.5)$$

となっていることに注意して，部分積分し，c と η を用いて書き直すと，

$$\begin{aligned}
\frac{d\Gamma}{ds}(s) &= -\int_0^1 \frac{\partial^2 u}{\partial t^2}(s, t) \cdot \frac{\partial u}{\partial s}(s, t) dt \\
&= -\int_0^1 \Big[\Big|\frac{\partial \eta}{\partial t}\Big|^2 \frac{d^2 c}{d\tau^2} + \frac{\partial^2 \eta}{\partial t^2} \frac{dc}{d\tau} \Big] \cdot \frac{dc}{d\tau} \frac{\partial \eta}{\partial s} dt \qquad (0.0.6)
\end{aligned}$$

となる．さて，$s = 0$ のときにエネルギーが最小となると仮定し，これまでの例の ψ のように $\frac{\partial \eta}{\partial s}$ が（$t = 0, 1$ で 0 となること以外は）自由に選べることに注意すると，

$$\Big[\Big|\frac{\partial \eta}{\partial t}(0, t)\Big|^2 \frac{d^2 c}{d\tau^2} + \frac{\partial^2 \eta}{\partial t^2}(0, t) \frac{dc}{d\tau} \Big] \cdot \frac{dc}{d\tau} = 0$$

という方程式を得る．$\eta(0, t)$ を改めて 1 変数関数 $\eta(t)$ とおき，上の方程式の両辺に $\frac{d\eta}{dt}$ をかけ，少々変形すると

$$\begin{aligned}
0 &= \Big[\Big|\frac{d\eta}{dt}(t)\Big|^2 \frac{d^2 c}{d\tau^2}(\eta(t)) + \frac{d^2 \eta}{dt^2}(t) \frac{dc}{d\tau}(\eta(t)) \Big] \cdot \frac{dc}{d\tau}(\eta(t)) \frac{d\eta}{dt}(t) \\
&= \frac{1}{2} \frac{d}{dt} \Big| \frac{dc(\eta(t))}{dt} \Big|^2
\end{aligned}$$

を得る．これは，速度ベクトル $\frac{dc(\eta(t))}{dt}$ の大きさが一定であるということを示している．すなわち，同じ道を行く場合，速度ベクトルの大きさが一定の運動が最もエネルギー消費が少ないわけであり，自動車の運転に関してよく言われる「できるだけ一定のスピードで走らせたほうが燃費が良い」ということとも一致する．

　以上三つの例は 1 変数の関数を対象としたものであったが，多変数の例も挙げておこう．多変数関数に対する変分問題で，最も身近に感じられるものは恐らく**極小曲面**の問題であろう．これはある条件を満たす曲面のうち，面積が最小となるものを求めようという問題である．話を簡単にするため，$\mathbb{R}^3$ 内の曲面で，ある有界領域 $\Omega \subset \mathbb{R}^2$ 上で定義された関数 $x^3 = f(x^1, x^2)$ のグラフとして表されるものに限定しよう．また，Ω の境界 $\partial\Omega$ は閉曲線であるとする．このような曲面の面積は次の積分で与えられる．

006 ▶ **0** 変分問題とは —— いくつかの例

$$\mathcal{A}(f) := \int_\Omega \sqrt{1+|Df|^2}\,dx$$

ただし，
$$Df := (D_1 f, D_2 f) := \Big(\frac{\partial f}{\partial x^1}, \frac{\partial f}{\partial x^2}\Big)$$

とおいた．また，曲線の場合に両端の位置を固定する条件を与えたように，与えられた関数 $f_0 : \Omega \to \mathbb{R}$ に対し，**ディリクレ条件**と呼ばれる条件，

$$f(x) = f_0(x) \qquad (x \in \partial\Omega) \tag{0.0.7}$$

を考える．

例 4

条件 (0.0.7) を満たす関数のうち，$\mathcal{A}$ を最小とするものを求めよ．

関数 f が (0.0.7) を満たしているとき，$\partial\Omega$ 上で 0 となるような関数 $\varphi : \Omega \to \mathbb{R}$ と $s \in \mathbb{R}$ に対して，$f + s\varphi$ もやはり (0.0.7) を満たす．

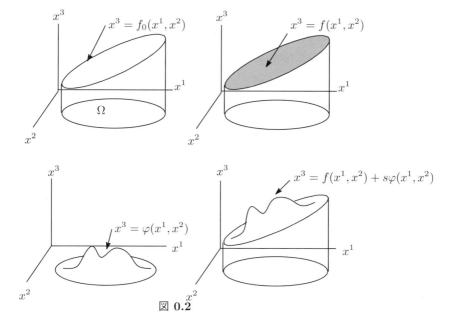

図 **0.2**

したがって，f が求める面積最小を与える関数であるとすると，これまでと同様に考えて，

$$\left.\frac{d\mathcal{A}(f+s\varphi)}{ds}\right|_{s=0} = 0$$

を満たす．この左辺から微分方程式を導こう．計算はやや複雑になるが，

$$\begin{aligned}
0 &= \left.\int_\Omega \frac{d}{ds}\sqrt{1+|D(f+s\varphi)|^2}dx\right|_{s=0} \\
&= \int_\Omega \sum_{k=1}^{2}\frac{D_k f}{\sqrt{1+|Df|^2}}D_k\varphi\, dx \quad (0.0.8)
\end{aligned}$$

となることが分かる．ここで，1 変数であれば部分積分を用いて，$D_k\varphi$ の D_k を移して f に関数する偏微分方程式を得ることができるが，多変数なので単純に「部分積分」というわけにはいかない．ここで，グリーンの定理（公式）を思い出そう[3]．

> [3] といっても，物理系・工学系の方はほとんどご存知だろうが，むしろ数学系の学科では習っていない人も多いかもしれない．

定理 0.0.1 閉曲線 C で囲まれた領域 $\Omega \subset \mathbb{R}^2$ に対し，P, Q を $\Omega \cup C$ 上で定義された連続関数で，Ω 上で C^1-級であるとする．このとき，次が成り立つ．

$$\int_C (Pdx^1 + Qdx^2) = \iint_\Omega (D_1 Q - D_2 P)dx^1 dx^2. \quad (0.0.9)$$

三つの関数 g_1, g_2, h に対して，$P = -g_2 h$, $Q = g_1 h$ として (0.0.9) を用いると，

$$\int_C (-g_2 h dx^1 + g_1 h dx^2) = \iint_\Omega (D_1(g_1 h) + D_2(g_2 h))dx^1 dx^2$$

となる．特に g か h の少なくとも一方が Ω の境界 C 上で 0 であると仮定すると，左辺の積分は 0 となり，$\iint_\Omega(\cdots)dx^1 dx^2 = \int_\Omega(\cdots)dx$ と書き直して，

$$\int_\Omega (g_1 D_1 h + g_2 D_2 h)dx = -\int_\Omega ((D_1 g_1)h + (D_2 g_2)h)dx$$

を得る．これを，

$$g_k = \frac{D_k f}{\sqrt{1+|Df|^2}}, \quad h = \varphi$$

として，(0.0.8) に用いると，

$$\int_\Omega \sum_{k=1}^2 D_k\Big(\frac{D_k f}{\sqrt{1+|Df|^2}}\Big)\varphi dx = 0 \qquad (0.0.10)$$

が，$\partial\Omega$ 上の値が 0 となるような任意の φ に対して成り立つことが
分かる．これより，与えられた境界条件 (0.0.7) の下で面積を最小と
する曲面の方程式は，

$$\sum_{k=1}^2 D_k\Big(\frac{D_k f}{\sqrt{1+|Df|^2}}\Big) = 0 \qquad (0.0.11)$$

となる．この方程式は「極小曲面の方程式」と呼ばれ，この方程式
を満たす曲面は極小曲面と呼ばれる．この方程式の左辺は曲面上の
各点 $\big(x^1, x^2, f(x^1, x^2)\big)$ における「平均曲率」と呼ばれるものを表
しており，方程式 (0.0.11) は「極小曲面の平均曲率が常に 0 である」
ことを示している．平均曲率が常に 0 であるということは，各点に
おいて，ある方向に上向きに曲がっていれば，下向きに曲がってい
る方向も必ずあるということで，すべての点が鞍点もしくは平面
のようになっていることを示している．針金で枠を作り，石けん膜
を張って観察すれば，現実もそのようになっていることを実感でき
よう．

　さて，ここに挙げた例では，対象とする関数の連続性や微分可能
性については，言わば「当たり前のこと」として，あえて気にしな
いで話を進めてきた．しかし，厳密な数学的議論をする際には，「当
たり前」として証明抜きに話を進めることは許されない．数学の問
題として「解いた」場合に，最短曲線として「瞬間移動」が出てき
たり，極小曲面として「角のある石けん膜」もしくは「穴の空いた
石けん膜」が出てきたりはしないだろうか？

　このような「解」の連続性や微分可能性に関する問題を「解の正則
性の問題」と呼んでいる．この「変分問題の解の正則性の問題」は，
1900 年パリにおける国際数学者会議 (ICM) においてヒルベルト[4]
により提唱され，その後の数学の進む道に大きな影響を与えたこと
で有名な「ヒルベルトの 23 の問題」の中の第 19 問題として，次の
形で取り上げられている．

[4]　David Hilbert (1862–1943)．19 世紀から 20 世紀にかけて，数学全般に多大な業績を残し，その後の数学に極めて大きな影響を及ぼした最も偉大な数学者の一人．

> ─ヒルベルトの第 19 問題────
>
> 　正則な変分問題の解は必然的に解析的であるか？

ここでは 2 変数の関数 $u(x, y)$ が念頭に置かれ，変分問題が「正則」であるとは，考えている汎関数，

$$\iint F(x, y, u, p, q) dx dy \quad \left(p = \frac{\partial u}{\partial x}, q = \frac{\partial u}{\partial y} \right)$$

の F が解析関数で，

$$\frac{\partial^2 F}{\partial x^2} \frac{\partial^2 F}{\partial y^2} - \left(\frac{\partial^2 F}{\partial x \partial y} \right)^2 > 0$$

を満たしていることをいう[5]．

また，多くの変分問題や非線形偏微分方程式に対して，

> 「ソボレフ空間の枠組みのなかでの解」＝弱解を見つけ，この弱解が実際の問題の解として適切な滑らかさ（連続性・微分可能性）を持っていることを示す．

という道筋で研究がなされることが多く，この後半部分にあたる「解の正則性」の問題は多くの研究者たちの興味を引きつけてきた．

本書では，主に汎関数を最小化する関数の正則性について扱う．もちろん膨大と言えるほどの様々なトピックがあるが，1984 年にジャクインタとジュスティによって得られた「部分正則性」（大雑把に言って「小さな集合を除いての正則性」）に関する結果の解説を一応の最終目標として，そこへ至る必要事項を解説していく．

[5] 紛らわしいが「解の正則性」の「正則」とは全く別の概念である．

010 ▶ **0** 変分問題とは —— いくつかの例

1 ▶ 準備

Ω を m-次元ユークリッド空間 $\mathbb{R}^m$ の開集合とし，Ω 上で定義された $\mathbb{R}^n$-値関数 u を，各 $x = (x^1, ..., x^m) \in \Omega$ に対し，

$$u(x) = (u^1(x), ..., u^n(x))$$

と表す．また，$\mathbb{R}^m$ の元 x の成分は x^α とギリシャ文字の添字を用いて表し，$\mathbb{R}^n$ の元 v の成分は v^i とローマ字の添字で表すこととする．また，アインシュタインの規約を用い，一つの項に同じ添え字が二つペアであるときは $\sum$ がなくても，その添え字について和をとるものとする．例えば，添え字 α, β, i, j がそれぞれ $1 \le \alpha, \beta \le m$, $1 \le i, j \le n$ の範囲を動くとき，

$$A_{ij}^{\alpha\beta} \xi_\alpha^i \xi_\beta^j = \sum_{\alpha,\beta=1}^{m} \sum_{i,j=1}^{n} A_{ij}^{\alpha\beta} \xi_\alpha^i \xi_\beta^j$$

と，総和記号 $\sum$ を省略する．

本書では様々なノルムが出てくるので，ユークリッドノルムは絶対値と同じく $|\ |$ で表すこととし，ユークリッド内積は $\langle\ ,\ \rangle$ で表すこととする．例えば，$x, y \in \mathbb{R}^m$ に対しては

$$|x| = \sqrt{\sum_{\alpha=1}^{m} (x^\alpha)^2}, \quad \langle x, y \rangle = \sum_{\alpha=1}^{m} x^\alpha y^\alpha$$

であり，$\xi = (\xi_\alpha^i),\ \zeta = (\zeta_\alpha^i) \in \mathbb{R}^{mn}$ に対しては

$$|\xi| = \sqrt{\sum_{i=1}^{n} \sum_{\alpha=1}^{m} \left(\xi_\alpha^i\right)^2}, \quad \langle \xi, \zeta \rangle = \sum_{i=1}^{n} \sum_{\alpha=1}^{m} \xi_\alpha^i \zeta_\alpha^i$$

となる．

$k \in \mathbb{N}$ に対し, $C^k(\Omega)$ は Ω 上で k 階偏微分可能な関数で, k 階偏導関数が全て Ω 上で連続となるものの全体を表し, $C^\infty(\Omega) := \bigcap_{k=1}^{\infty} C^k(\Omega)$ とする. さらに, $k \in \mathbb{N} \cup \{\infty\}$ に対し,

$$C_0^k(\Omega) := \{f \in C^k(\Omega) \; ; \; \mathrm{supp} f \Subset \Omega\}$$

と定義する. ただし, $\mathrm{supp} f$ は $\{x \in \Omega \; ; \; f(x) \neq 0\}$ の閉包を表す. なお, $A := B$ もしくは $B =: A$ と書いたら「B を A とおく」もしくは「A を B と定義する」という意味である.

この章では, 変分問題の解の存在とその正則性を扱うための準備として, ルベーグ積分, 関数解析, ソボレフ空間等に関連するいくつかの定義と定理を紹介する.

1.1 ルベーグ積分からの準備

本書に登場する積分はすべてルベーグ[6]積分であり, ルベーグ積分論の基本的事柄は既知のものとして話を進める. 扱う集合・関数はすべて可測集合・可測関数であり, 「可測」とはすべてルベーグ可測のことであるとする. 可測集合 $D \subset \mathbb{R}^m$ に対し, D のルベーグ測度を $|D|$ と表す. また, 「D のほとんどいたるところで」とか「ほとんどすべての $x \in D$ に対して」とあれば, 「ルベーグ測度 0 の集合 D' を除いた $D \setminus D'$ のすべての x で」という意味である. 記号では a.e. $x \in D$ と書く. この "a.e." は "almost everywhere" の略である.

次に, いくつかの定義, 定理を紹介するが, まず, 後でしばしば用いる収束定理を二つ述べておく. なお, 以下において, 特に断らない限り, Ω は $\mathbb{R}^m$ の可測集合とする. 次の定理はファトゥ[7]の補題として有名であるが, 重要な定理なので「補題」ではなく, 定理として紹介しておく.

定理 1.1.1(ファトゥの補題) $\{f_k\}_{k \in \mathbb{N}}$ を Ω 上の非負可測関数列とする. このとき,

$$\int_\Omega \liminf_{k \to \infty} f_k(x) dx \leq \liminf_{k \to \infty} \int_\Omega f_k(x) dx$$

[6] Henri Lebesgue (1875–1941). フランスの数学者. ルベーグ積分に名前を残す. ルベーグ積分の理論は 1902 年フランスのナンシー大学に提出された彼の学位論文 "Intégrale, longueur, aire" において発表された.

[7] Pierre Fatou (1878–1929). フランスの数学者・天文学者. 特に解析学の分野で活躍し, ファトゥの補題, ファトゥ集合等で名を残す.

が成り立つ.

次の定理は，本書において最もよく用いる収束定理である.

定理 1.1.2（ルベーグの優収束定理）　$\{f_k\}_{k\in\mathbb{N}}$ を Ω 上の可積分関数列で，ある関数 $f(x)$ に対してほとんどすべての $x \in \Omega$ において $\lim_{k\to\infty} f_k(x) = f(x)$ を満たしているとする．さらに，ある可積分関数 g が存在して，

$$|f_k(x)| \leq g(x) \quad \text{a.e. } x \in \Omega, \forall k \in \mathbb{N}$$

を満たしているとする．このとき，f は Ω 上で可積分であり，

$$\lim_{k\to\infty} \int_\Omega f_k(x)dx = \int_\Omega f(x)dx$$

が成立する.

次に述べるエゴロフ[8]の定理とルージン[9]の定理は最近のルベーグ積分の教科書では取り上げられていないこともあるが，本書では後で用いるのでここで挙げておく.

定理 1.1.3（エゴロフの定理）　$\Omega \subset \mathbb{R}^m$ を $|\Omega| < \infty$ を満たす可測集合とし，$\{f_k\}_{k\in\mathbb{N}}$ を Ω 上で定義された可測関数列で，ある関数 f にほとんどすべての $x \in \Omega$ で収束しているとする．このとき，任意の $\varepsilon > 0$ に対して，$|\Omega \setminus K| < \varepsilon$ を満たし，K 上で f_k が f に一様収束するような閉集合 $K \subset \Omega$ が存在する.

定理 1.1.4（ルージンの定理）　$\Omega \subset \mathbb{R}^m$ を $|\Omega| < \infty$ を満たす可測集合とし，f を Ω 上で定義された可測関数とする．このとき，任意の $\varepsilon > 0$ に対して，$|\Omega \setminus K| < \varepsilon$ を満たし，K 上で f が連続なるような閉集合 $K \subset \Omega$ が存在する.

重積分と逐次積分に関する定理を述べるには，かなりの定義を準備しなければならないので，フビニ[10]の定理・トネリ[11]の定理はあえて省略する．しかし，言うまでもなく，積分の順序を交換していれば，そこでは必ずフビニの定理・トネリの定理が用いられていると思ってほしい.

次に，L^p-空間の定義を述べる.

---

[8]　Dmitri Egorov (1869–1931). 解析学，微分幾何学の分野で活躍したロシアの数学者．モスクワ数学会の会長であったが，「反革命的である」として指弾され，また，宗教的立場がロシア正教会から異端とされ，数学会から追放され投獄される．ハンガーストライキの後死亡.

[9]　Nikokai Luzin（Lusin と記されることもある．また，カタカナ表記ではルジンとするものもある）(1883–1950). 記述集合論，解析学等の分野で活躍したロシアの数学者．エゴロフの弟子．モスクワ数学会内の自身の教え子を含むグループから糾弾され職を失った．逮捕・投獄は免れたが，死ぬまで汚名を着せられたままであった.

[10]　Guido Fubini (1879–1943). 広い分野で活躍したが，特に解析学と微分幾何学の分野で名を残すイタリアの数学者．1939 年ファシスト政権下のイタリアからアメリカへ渡りプリンストン大学教授となるが，その後わずか 4 年で亡くなってしまった.

[11]　Leonida Tonelli (1885–1946). 解析学の分野で活躍したイタリアの数学者．トネリの定理の他，変分問題の解の存在を示すための半連続性を用いた手法を導入したことでも知られている.

定義 1.1.5 $\mathcal{M}(\Omega)$ を Ω 上の可測関数の全体とする. $1 \le p < \infty$ に対し, L^p-空間を,

$$L^p(\Omega) := \{f \in \mathcal{M}(\Omega) \; ; \; \int_\Omega |f|^p dx < \infty\}$$

と定義し, $f \in L^p(\Omega)$ に対して,

$$\|f\|_{L^p(\Omega)} := \Big(\int_\Omega |f(x)|^p dx \Big)^{1/p} \tag{1.1.1}$$

とおく. また, $f \in \mathcal{M}(\Omega)$ に対して,

$$\operatorname*{esssup}_\Omega f := \inf\{c \in \mathbb{R} \; ; \; f(x) \le c \ \text{a.e.} \ x \in \Omega\}$$

とおき[12],

$$L^\infty(\Omega) := \{f \in (\Omega) \; ; \; \operatorname*{esssup}_\Omega |f| < \infty\}$$

と定義し,

$$\|f\|_{L^\infty(\Omega)} := \operatorname*{esssup}_\Omega |f|$$

とおく.

なお, 積分領域 Ω が明らかなときは, これらのノルム $\|\cdot\|_{L^p(\Omega)}$, $\|\cdot\|_{L^\infty(\Omega)}$ を単に $\|\cdot\|_p$, $\|\cdot\|_\infty$ と書く.

さらに, $1 \le p \le \infty$ に対し,

$$L^p_{\mathrm{loc}}(\Omega) := \{f \in \mathcal{M}(\Omega) \; ; \; f \in L^p(D) \ \forall D \Subset \Omega\}$$

と定義する. ただし, $A \Subset B$ とは, $\bar{A}$ がコンパクトで, $\bar{A} \subset B$ となることを表す.

また, $\mathbb{R}^n$-値関数に対しては,

$$L^p(\Omega; \mathbb{R}^n)$$
$$:= \{u(x) = (u^1(x), ..., u^n(x)) \; ; \; u^i \in L^p(\Omega), \ i = 1, ..., n\}$$

と定義し, $L^p_{\mathrm{loc}}(\Omega; \mathbb{R}^n)$ も上と同様に定義する. また, ノルムは (1.1.1) において $|\cdot|$ を n 次元ユークリッドノルムとみなしたもので定義し, やはり $\| \ \|_{L^p(\Omega)}$ と書くこととする. $L^\infty(\Omega; \mathbb{R}^n)$ 等も同様に定義する.

次に挙げるヘルダーの不等式はこれから頻繁に使うこととなる重

[12] esssup は "essential supremum" (本質的上限) の略である.

要なものである.

定理 1.1.6(ヘルダーの不等式) $p, q > 1$ が $\frac{1}{p} + \frac{1}{q}$ を満たし, $f \in L^p(\Omega)$, $g \in L^q(\Omega)$ であるとする. このとき, $fg \in L^1(\Omega)$ であり,

$$\|fg\|_1 \leq \|f\|_p \|g\|_q \tag{1.1.2}$$

が成り立つ.

次の定理は**ルベーグの微分定理**と呼ばれることもあり, 本書ではしばしば用いる.

定理 1.1.7 $f \in L^p_{\mathrm{loc}}(\mathbb{R}^m)$ とする. このとき,

$$\lim_{r \to +0} \frac{1}{|B(x_0, r)|} \int_{B(x_0, r)} |f(x) - f(x_0)|^p dx = 0 \tag{1.1.3}$$

がほとんどすべての $x_0 \in \mathbb{R}^m$ で成り立つ. 特に,

$$\lim_{r \to +0} \frac{1}{|B(x_0, r)|} \int_{B(x_0, r)} f(x) dx = f(x_0) \tag{1.1.4}$$

がほとんどすべての $x_0 \in \mathbb{R}^m$ で成り立つ.

(1.1.3) が成り立つ点を f の**ルベーグ点**と呼ぶ ([22] p.209 参照).

この節の最後に L^p-関数の近似定理と, **変分法の基本補題** を紹介する.

定理 1.1.8 $\Omega \subset \mathbb{R}^m$ を開集合とする. $1 \leq p \leq \infty$ に対して, $C_0^\infty(\Omega)$ は $L^p(\Omega)$ の稠密部分集合である.

(証明については, [20, 系 19.24] を参照.) この定理の系として次が得られる. 証明も簡単なので述べておく.

系 1.1.9(変分法の基本補題) $1 < p < \infty$ とする. $f \in L^p(\Omega)$ が任意の $\varphi \in C_0^\infty(\Omega)$ に対して,

$$\int_\Omega f(x) \varphi(x) dx = 0$$

を満たすならば, ほとんどすべての $x \in \Omega$ で $f(x) = 0$ となる.

証明 $f \in L^p(\Omega)$ なので, $f|f|^{p-2} \in L^{p/(p-1)}(\Omega)$ であり, 定理

1.1.8 より, $\{\varphi_n\} \in C_0^\infty(\Omega)$ で,

$$\|\varphi_n - f|f|^{p-2}\|_{p/(p-1)} \to 0 \quad (n \to \infty)$$

となるものがとれる. また, ヘルダーの不等式より,

$$\int_\Omega |f(\varphi_n - f|f|^{p-2})|dx$$

$$\leq \|f\|_p\|\varphi_n - f|f|^{p-2}\|_{p/(p-1)} \to 0 \quad (n \to \infty)$$

が成り立つ. 一方, 仮定より,

$$\int_\Omega f(x)\varphi_n(x)dx = 0 \quad (\forall n \in \mathbb{N})$$

となっているので, $\|f\|_p = 0$ が得られ, $f(x) = 0$ (a.e.$x \in \Omega$) となる. $\qquad\square$

1.2 関数解析からの準備

この節では, 変分問題の解の存在を示すために必要な関数解析の最低限の知識を列挙する. 線形空間, ノルム空間等は既知として, まず, 有界線形汎関数の定義から始める. 以下, ノルム空間 X のノルムを $\|\ \|_X$ と書くこととしよう.

定義 1.2.1(有界線形汎関数) 体 K 上のノルム空間 X 上で定義され K に値を持つ写像 $\mathcal{F}: X \to K$ を[13] 汎関数と呼び, それが線形なとき線形汎関数, さらに有界であるとき, すなわち,

$$\sup\{|F(x)| : x \in X, \|x\|_X \leq 1\} < \infty$$

を満たすとき, 有界線形汎関数と呼ぶ.

次に, バナッハ[14] 空間とヒルベルト空間の定義を与える.

定義 1.2.2(バナッハ空間) 完備なノルム空間をバナッハ空間と呼ぶ.

前節で定義したルベーグ空間 $L^p(\Omega)$ は $\|\ \|_{L^p(\Omega)}$ に関してバナッハ空間となる.

13) $\mathbb{R}^m$ もノルム空間なので, この定義に従えば $f: \mathbb{R}^m \to \mathbb{R}$ も汎関数となるが, 慣例的に, 関数空間上の関数を汎関数と呼び, ユークリッド空間や多様体上で定義されたものは単に関数と呼んでいる.

14) Stefan Banach (1892–1945). ポーランドの数学者. バナハと表記されることもある. 20 世紀の数学に極めて大きな影響を及ぼした一人. Lwów(現ウクライナの Lviv)工科大学で教鞭をとる. Lwów がナチスの支配下となった後はシラミの培養をさせられるなど過酷な日々を過ごした. ソ連による解放後同地で没す. バナッハ空間の他, ハーン–バナッハの定理等々多くの定理にも名前を残す.

016 ▶ 1 準備

定義 1.2.3（ヒルベルト空間）　内積が定義された線形空間 H がその内積から定義されるノルムに関して完備であるとき，H をヒルベルト空間と呼ぶ.

以下，ヒルベルト空間 H を考えるとき，内積を $(\ , \ )_H$ と記すことにする.

次に，双対空間，弱収束等の定義を述べる．これらは一般のノルム空間で定義でき，また，以下で述べる性質のうち，空間の完備性が必要ないものは一般のノルム空間で成り立つが，本書の後段で扱う空間はすべてバナッハ空間であるので，ここでも空間はすべてバナッハ空間として，定義を述べていく.

定義 1.2.4（双対空間）　X をバナッハ空間とする．X 上の有界線形汎関数の全体を X の**双対空間**と呼び，X^* と書く.

双対空間 X^* には自然に次のノルム $\| \ \|_{X^*}$ が定義でき，このノルムに関して X^* もまたバナッハ空間となる.

$$\|\ell\|_{X^*} := \sup\{|\ell(u)| \ : \ u \in X, \ \|u\|_X \leq 1\} \quad (\ell \in X^*).$$

双対空間の概念を導入すると，バナッハ空間 X において普通に考えられるノルムに関する収束の他に，弱収束という収束を定義することができる．さらに，X 自身があるバナッハ空間 Y の双対空間であるときは，汎弱収束という概念も定義できる.

定義 1.2.5　X をバナッハ空間とする．X の点列 $\{u_n\}$ がある $u \in X$ に**弱収束**するとは，

$$\lim_{n \to \infty} \ell(u_n) = \ell(u) \quad (\forall \ell \in X^*)$$

が成り立つことをいう．このとき，$u_n \rightharpoonup u$ と書く．さらに，あるバナッハ空間 Y に対して $X = Y^*$ となっているとする.

$$\lim_{n \to \infty} u_n(\varphi) = u(\varphi) \quad (\forall \varphi \in Y)$$

が成り立つとき，$\{u_n\}$ は u に**汎弱収束**[15] するという.

これらの（汎）弱収束と特に区別を強調して述べる必要があるとき，ノルムに関する収束，すなわち $\|u_n - u\|_X \to 0$ となることを，

[15]　英語では weak * convergence (weak star convergence) と言う．そのまま訳せば「弱星収束」となるが，さすがにそうは訳さない．しかし，本によっては * をそのまま用いて，「*-弱束」等と表記してあるものも多い.

強収束とかノルム収束と呼ぶ．基本的に「弱」を付けずに単に「収束」と言ったら，強収束（ノルム収束）を意味し，注意書きなしで単に $u_n \to u$ とあれば強収束を表す．また，空間と「弱」または「強」収束であることを明確にしたいときなどは，

$$u_n \rightharpoonup u \ \text{in} \ X, \qquad v_n \to v \ \ \text{in} \ Y$$

と，さらに弱収束，強収束を強調したいときは，

$$u_n \rightharpoonup u \ \text{weakly in} \ X, \qquad v_n \to v \ \ \text{strongly in} \ Y$$

等と表す．

収束の強さは，文字どおり強収束が弱収束より強く，汎弱収束が最も弱い．つまり，強収束すれば弱収束し，弱収束すれば汎弱収束する．これらの逆は一般には成り立たない．また，関数の収束で，ある意味で「最強」のものは一様収束であるので，一様収束は $u_n \rightrightarrows u$ というように矢印 2 本で表される．

弱収束に関する性質の中で，本書で用いる次のものをまず挙げておく．

定理 1.2.6 X をバナッハ空間とする．このとき，次の性質が成り立つ．

(i) $\{x_n\}$ が X の弱収束列ならば，$\{x_n\}$ は有界列である．

(ii) $x_n \rightharpoonup x$ なら，それらのノルムに関して，$\|x\|_X \le \lim_{n\to\infty} \|x_n\|_X$ が成り立つ（ノルムの弱収束に関する下半連続性）．

次に汎関数の最小値を与える関数・写像の存在を示す際に重要な役割を果たす汎弱収束の性質を紹介する．次の定理は**バナッハ–アラオグルーの定理**（[19, 定理 III.15], [23, 定理 12.18]）と呼ばれる定理の内容を，この本の後段で使いやすい形に述べたものである．

定理 1.2.7 $\{x_n\}$ をバナッハ空間 X の有界列とする．このとき $\{x_n\}$ の部分列 $\{x_{n_k}\}$ で X 内で汎弱収束するものが存在する．

この定理はボルツァーノ–ワイエルシュトラスの定理のある種の一般化とみなすことができる．ユークリッド空間上における解析学の運用にボルツァーノ–ワイエルシュトラスの定理が極めて重要な役割

を果たしていたのと同様に，バナッハ空間上での議論において，この定理は極めて有用である．

さて，もう少し定義を紹介し，話を続けよう．

定義 1.2.8（反射的バナッハ空間）　$(X^*)^* = X$ となるバナッハ空間を**反射的バナッハ空間**と呼ぶ．

定義から容易に導かれるように，反射的バナッハ空間では，弱収束と汎弱収束は一致する．したがって，定理 1.2.7 より直ちに次の定理を得る．

系 1.2.9　$\{x_n\}$ を反射的バナッハ空間 X の有界列とする．このとき $\{x_n\}$ の部分列 $\{x_{n_k}\}$ で X 内で弱収束するものが存在する．

$X = (X^*)^*$ という等式に違和感を持つ読者もいるかもしれない．何しろ，はじめに空間 X を考え X の元を「点」と思えば，X^* の元は各「点」にある実数を対応させる線形な関数であり，さらに $(X^*)^*$ の元はそれら関数に対してある実数を対応させる「関数の関数」となるのだから，もとの X の元である「点」とは似ても似つかぬものに思えるのが普通であろう．ここには数学でよく使う（また，初学者にはしばしば混乱を引き起こす）「同一視」が入っている．極めて簡単な具体例で説明しよう．

例 1.2.10　$X = \mathbb{R}^n$ とし，通常の内積 $\langle\ ,\ \rangle$ が入っているものとする．$\mathbb{R}^n$ 上の線形汎関数 $\ell : \mathbb{R}^n \to \mathbb{R}$ を一つ考える．よく知られた線形代数の結果より，

$$\ell(x) = \langle a_\ell, x \rangle \quad (\forall x \in \mathbb{R}^n)$$

を満たす $a_\ell \in \mathbb{R}^n$ が唯一つ存在する．また，任意の $b \in \mathbb{R}^n$ に対し，$\ell_b : \mathbb{R}^n \to \mathbb{R}$ を $\ell_b(x) := \langle b, x \rangle$ とおくと，ℓ_b は $\mathbb{R}^n$ 上の線形汎関数となることも容易に分かる．また，任意の実数 α, β に対して $\alpha \ell_a + \beta \ell_b = \ell_{\alpha a + \beta b}$ となり，ノルムに関しても $\|\ell_a\| = \|a\|$ となることも容易に確かめられる．これらより，$\ell \in (\mathbb{R}^n)^*$ と $\mathbb{R}^n$ の元 a_ℓ が一対一に対応し，この対応により線形演算，ノルムも保たれることが分かる．したがって，$(\mathbb{R}^n)^*$ は $\mathbb{R}^n$ と同一視してよい．すなわち $(\mathbb{R}^n)^* = \mathbb{R}^n$ であり，当然 $((\mathbb{R}^n)^*)^* = \mathbb{R}^n$ であるので，$\mathbb{R}^n$ は反

1.2 関数解析からの準備　◀ *019*

射的である．このような同一視は，数学の専門書等ではほとんど暗黙のうちに使われている．

一般にヒルベルト空間 H は $H^* = H$ を満たすことが，リース[16]の表現定理と呼ばれる次の定理により知られている．

定理 1.2.11 (リース)　ℓ をヒルベルト空間 H 上で定義された有界線形汎関数とする．H の元 a_ℓ で次を満たすものが唯一つ存在する．

$$\ell(x) = (a_\ell, x)_H \quad (\forall x \in H).$$

例 1.2.12　Ω を有界開集合とする．$L^2(\Omega)$ は，内積，

$$(f, g) := \int_\Omega f(x)g(x)dx$$

により，ヒルベルト空間となる．したがって，$(L^2(\Omega))^* = L^2(\Omega)$ である．

一般の L^p はどうであろうか？ $1 < p < \infty$ に対しては L^p が反射的であることが，次の定理により保証されている．

定理 1.2.13　Ω を有界開集合，$1 < p < \infty$ とする．ℓ を $L^p(\Omega)$ 上で定義された有界線形汎関数とする．このとき，$\frac{1}{p} + \frac{1}{q} = 1$ を満たす q に対し，ある $a_\ell(x) \in L^q(\Omega)$ で，

$$\ell(u) = \int_\Omega a_\ell(x)u(x)dx \quad (\forall u \in L^p(\Omega))$$

を満たすものが唯一つ存在する．さらに，

$$\|\ell\| = \|a_\ell\|_{L^q(\Omega)}$$

が成り立つ．

この定理より直ちに次の系を得る．

系 1.2.14　$1 < p < \infty$, $\frac{1}{p} + \frac{1}{q} = 1$ とするとき，$(L^p(\Omega))^* = L^q(\Omega)$ である．

さらに，この系より，$1 < p < \infty$ に対して $L^p(\Omega)$ が反射的バナッハ空間であることが分かる．したがって，系 1.2.9 より，次の系を

---

16)　Riesz Frigyes (1880–1956)．ハンガリーの数学者，弟の Riesz Marcell とともに著名な数学者であり，「リース」の名前の入った定理は多い．特に両者がともに活躍した関数解析の分野では，どれがどちらの業績なのか紛らわしい．なお，ハンガリーでは日本と同様に姓が先に来るので，Riesz が姓である．

020 ▶ **1**　準備

得る.

系 1.2.15 $1 < p < \infty$ に対して,$L^p(\Omega)$ における有界列 $\{u_n\}$ を考えると,$\{u_n\}$ の部分列で,ある $u \in L^p(\Omega)$ に弱収束するものが必ず存在する.

注意 1.2.16 $(L^1)^* = L^\infty$ であるが,L^1 と L^∞ は反射的ではない.

1.3 ▶ ヘルダー空間,ソボレフ空間

この節でも証明は省略する.証明やより詳しい内容については,例えば [12] を参照されたい.

まず記号の導入から始める.m 個の非負整数の組,

$$\boldsymbol{\alpha} = (\alpha_1, \alpha_2, \alpha_3, ..., \alpha_m)$$

を**多重指数**と呼び,多重指数 $\boldsymbol{\alpha}$ の長さ $|\boldsymbol{\alpha}|$ を,

$$|\boldsymbol{\alpha}| = \sum_{j=1}^{m} \alpha_j = \alpha_1 + \alpha_2 + \cdots + \alpha_m$$

と定義する.本書では m 変数関数 f に対して,x^γ についての偏微分 $\partial f(x)/\partial x^\gamma$ を $D_\gamma f(x)$ と書くことにする.さらに $|\boldsymbol{\alpha}|$ 回偏微分可能な m 変数関数 $f(x)$ に対して,

$$\begin{aligned} D^{\boldsymbol{\alpha}} f(x) &= D_1^{\alpha_1} D_2^{\alpha_2} \cdots D_m^{\alpha_m} f(x) \\ &= \frac{\partial^{|\alpha|} f}{(\partial x^1)^{\alpha_1} (\partial x^2)^{\alpha_2} \cdots (\partial x_m)^{\alpha_m}}(x) \end{aligned}$$

と表すこととする.また,

$$Df := (D_1 f, ..., D_m f),$$

$$D^2 f := \begin{pmatrix} D_1 D_1 f & D_2 D_1 f & \cdots & D_m D_1 f \\ D_1 D_2 f & D_2 D_2 f & \cdots & D_m D_2 f \\ \vdots & \vdots & \vdots & \vdots \\ D_1 D_m f & D_2 D_m f & \cdots & D_m D_m f \end{pmatrix}$$

1.3 ヘルダー空間,ソボレフ空間 ◀ *021*

というように, $k \in \mathbb{N}$ に対して, f の k-階偏微分すべてを成分とする m^k 次元の量を $D^k f$ と表す.

$f \in C^k(\Omega)$ $(k \in \{0\} \cup \mathbb{N})$ に対し,

$$\|f\|_{C^k(\overline{\Omega})} := \sum_{\alpha \leq k} \sup_{\Omega} |D^\alpha f|$$

とおき,

$$C^k(\overline{\Omega}) := \{f \in C^k(\Omega) \,;\, \|f\|_{C^k(\overline{\Omega})} < \infty\}$$

とおく.

次に, ヘルダー空間を定義するために, 次の記号を定義する. $f : \Omega \to \mathbb{R}$, $D \subset \Omega$, $\alpha \in (0,1]$ に対し,

$$[f]_{D,\alpha} := \sup_{\substack{x,y \in D \\ x \neq y}} \frac{|f(x) - f(y)|}{|x - y|^\alpha} \tag{1.3.1}$$

とおく. なお, D が明らかなときは, 単に $[\cdot]_\alpha$ と書く.

定義 1.3.1 $\Omega \subset \mathbb{R}^m$ を開集合合 (有界でなくてもよい), $\alpha \in (0,1)$ とする.

$$C^{0,\alpha}(\Omega) := \{f \in C^0(\Omega) \,;\, [f]_{D,\alpha} < \infty, \ (\forall D \Subset \Omega)\}$$
$$C^{0,\alpha}(\overline{\Omega}) := \{f \in C^0(\Omega) \,;\, [f]_{\Omega,\alpha} < \infty\}$$

とおき, これらを, $\alpha \in (0,1)$ に対してはヘルダー空間と呼ぶ. $\alpha \in (0,1)$ に対して $f \in C^{0,\alpha}(\Omega)$ のとき「f はヘルダー連続である」と言い, $f \in C^{0,1}(\Omega)$ のときは「f はリプシッツ連続である」と言う.

さらに, $k \in \mathbb{N}$, $\alpha \in (0,1]$ に対して,

$$C^{k,\alpha}(\Omega) := \{f \in C^k(\Omega) \,;\, [D^k f]_{D,\alpha} < \infty, \ (\forall D \Subset \Omega)\}$$
$$C^{k,\alpha}(\overline{\Omega}) := \{f \in C^k(\Omega) \,;\, [D^k f]_{\Omega,\alpha} < \infty\}$$

とおく[17].

$f \in C^{k,\alpha}(\overline{\Omega})$ に対して,

$$\|f\|_{C^{k,\alpha}(\overline{\Omega})} := \|f\|_{C^k(\overline{\Omega})} + [D^k f]_\alpha \tag{1.3.2}$$

[17] 文献によっては, ここで定義した $C^{k,\alpha}(\Omega)$ を $C^{k,\alpha}_{\mathrm{loc}}(\Omega)$ と書き, $C^{k,\alpha}(\overline{\Omega})$ を $C^{k,\alpha}(\Omega)$ と表しているものもあるので, 注意を要する.

と定義する．$\|\cdot\|_{C^{k,\alpha}(\overline{\Omega})}$ は $C^{k,\alpha}(\overline{\Omega})$ のノルムとなる．

これ以降，$\Omega \subset \mathbb{R}^m$ および Ω に添え字等を付けたものは，特に断らない限り，有界開集合を表すとする．

変分問題の解は微分可能であることが期待されるが，一般に古典的な意味で微分（高校や大学初年度で習う「微分」）できるとは限らない．そこで，**弱微分**の定義が必要となる．弱微分の定義を述べる前に，部分積分から導かれる次の補題に注意しておく．

補題 1.3.2 $u \in C^1(\Omega), \varphi \in C_0^1(\Omega)$ とする．このとき，$\gamma = 1, ..., m$ に対して，次が成り立つ．

$$\int_{\Omega} u(x) D_{\gamma}\varphi(x)dx = -\int_{\Omega} D_{\gamma}u(x) \cdot \varphi(x)dx. \qquad (1.3.3)$$

証明 記法の煩雑さを避けるため $\gamma = 1$ に対して示す．Ω の外へ，u は適当に，φ は 0 となるように拡張し，どちらも $\mathbb{R}^m$ 全体で定義されているとする．$M > 0$ を十分大きくとり，$\Omega \subset (-M, M)^m$ となるようにする．ただし，$(-M, M)^m$ は 1 辺が $2M$ の正方形 $\{x = (x^1, ..., x^m) ; -M < x^k < M, k = 1, ..., m\}$ を表す．φ を Ω の外へ 0 で拡張しているので，(1.3.3) の両辺の積分範囲を $(-M, M)^m$ としても値が変わらないことに注意し，多重積分を逐次積分に書き換え，さらに x^1 に関して部分積分の公式を用いて，φ が $(-M, M)$ の各辺上で 0 であることに注意すると，次のように (1.3.3) が導かれる．

$$\int_{\Omega} u(x) D_1\varphi(x)dx = \int_{(-M,M)^m} u(x) D_1\varphi(x)dx$$

$$= \int_{-M}^{M} \cdots \int_{-M}^{M} u(x) D_1\varphi(x)dx^1 \cdots dx^m$$

$$= \int_{-M}^{M} \cdots \int_{-M}^{M} \left\{ \int_{-M}^{M} u D_1\varphi \, dx^1 \right\} dx^2 \cdots dx^m$$

$$= \int_{-M}^{M} \cdots \int_{-M}^{M} \left\{ -\int_{-M}^{M} D_1 u \cdot \varphi \, dx^1 \right\} dx^2 \cdots dx^m$$

$$= -\int_{-M}^{M} \cdots \int_{-M}^{M} D_1 u(x) \cdot \varphi(x)dx^1 \cdots dx^m$$

$$= -\int_{\Omega} D_1 u \cdot \varphi \, dx$$

1.3　ヘルダー空間，ソボレフ空間 ◀ *023*

$\gamma = 2, ..., m$ に対しても同様に示せる. □

この補題を繰り返し用いることにより,次の系を得る.

系 1.3.3　$u \in C^k(\Omega)$, $\varphi \in C_0^k(\Omega)$ とする.このとき,$|\boldsymbol{\alpha}| \leq k$ を満たす多重指数 $\boldsymbol{\alpha}$ に対して,次が成り立つ.

$$\int_\Omega u(x) D^{\boldsymbol{\alpha}} \varphi(x) dx = (-1)^{|\boldsymbol{\alpha}|} \int_\Omega D^{\boldsymbol{\alpha}} u(x) \cdot \varphi(x) dx. \quad (1.3.4)$$

この系より,$u \in C^k(\Omega)$ に対して,ある $v \in C(\Omega)$ が,

$$\int_\Omega u(x) D^{\boldsymbol{\alpha}} \varphi(x) dx = (-1)^{|\boldsymbol{\alpha}|} \int_\Omega v \cdot \varphi(x) dx.$$

を任意の $\varphi \in C_0^k(\Omega)$ に対して満たすならば,$v = D^{\boldsymbol{\alpha}} u(x)$ となることは容易に分かる.このことより,次の弱微分の定義が妥当なものであることも納得できよう.

定義 1.3.4　u を $L_{\mathrm{loc}}^p(\Omega)$ $(p \geq 1)$ に属する関数,$\boldsymbol{\alpha}$ を多重指数とする.任意の $\varphi \in C_0^\infty(\Omega)$ に対して,

$$\int_\Omega u D^{\boldsymbol{\alpha}} \varphi dx = (-1)^{|\boldsymbol{\alpha}|} \int_\Omega v_{\boldsymbol{\alpha}} \varphi dx$$

を満たすような関数 $v_{\boldsymbol{\alpha}} \in L_{\mathrm{loc}}^p(\Omega)$ が存在するとき,「u は $\boldsymbol{\alpha}$ 階の**弱微分**を $L_{\mathrm{loc}}^p(\Omega)$ で持つ」と言う.このとき,$v_{\boldsymbol{\alpha}}$ を u の $\boldsymbol{\alpha}$ 階の弱微分と呼び,古典的な意味での偏微分と同じ記号を用いて,$D^{\boldsymbol{\alpha}} u$ と記す.

弱微分は存在すれば一意的である.また,系 1.3.3 の後に述べたように,$u \in C^{|\boldsymbol{\alpha}|}$ であれば,$\boldsymbol{\alpha}$ 階の弱微分も存在し,両者は一致する.つまり,弱微分は古典的な微分の一般化である.

注意 1.3.5　偏微分方程式の分野では (1.3.4) のような式変形を行うことを,「部分積分する」と呼ぶことが多い.特に,微分が u から φ へ,または φ から u へ移ったことになるので,「部分積分で微分を移す」という表現も用いる.

注意 1.3.6　$D^{\boldsymbol{\alpha}}$ とあれば $\boldsymbol{\alpha}$ は多重指数を表し,D_α とあれば α は 1 から m までのどれかの自然数を表すのでかなり紛らわしい.注意が必要である.

さて，いよいよこれからの話の枠組みとなる**ソボレフ**[18]**空間**の定義を与える．

定義 1.3.7（ソボレフ空間） k 階までの弱微分を $L^p(\Omega)$ で持つ関数の全体を $W^{k,p}(\Omega)$ と書き，ソボレフ空間と呼ぶ．すなわち，次のように定義される．

$$W^{k,p}(\Omega) := \{ u \in L^p(\Omega) \; ; \; \forall \boldsymbol{\alpha} \, (|\boldsymbol{\alpha}| \le k) \; \exists v_{\boldsymbol{\alpha}} \in L^p(\Omega)$$
$$\text{s.t.} \int_\Omega u D^{\boldsymbol{\alpha}} \varphi dx = (-1)^{|\boldsymbol{\alpha}|} \int_\Omega v_{\boldsymbol{\alpha}} \varphi dx \quad \forall \varphi \in C_0^\infty(\Omega) \}.$$

$u \in W^{k,p}(\Omega)$ に対して，

$$\|u\|_{W^{k,p}(\Omega)} := \Big(\sum_{|\boldsymbol{\alpha}| \le k} \int_\Omega |D^{\boldsymbol{\alpha}} u|^p dx \Big)^{\frac{1}{p}} \qquad (1.3.5)$$

と定義すると，$\| \cdot \|_{W^{k,p}(\Omega)}$ は $W^{k,p}$ においてノルムとなり，このノルムに関して $W^{k,p}(\Omega)$ はバナッハ空間となる．このノルムをソボレフノルムと呼ぶ．積分領域 Ω が明らかなときは，$\| \cdot \|_{W^{k,p}(\Omega)}$ を単に $\| \cdot \|_{k,p}$ と書く．

ソボレフ空間の元となる関数・写像のことを，**ソボレフ関数・ソボレフ写像**と呼ぶことにしよう．

ソボレフ空間について，これから必要となるいくつかの重要な結果を述べていく．まず，定義から直ちに得られる基本的な事実を紹介する．

定理 1.3.8 $\{u_n\} \in W^{1,p}(\Omega)$ が，$L^p(\Omega)$ において $u_n \rightharpoonup u$，かつすべての $\alpha \in \{1, 2, ..., m\}$ に対して，やはり $L^p(\Omega)$ において $D_\alpha u_n \rightharpoonup v_\alpha$ であるとする．このとき，$u \in W^{1,p}(\Omega)$ であり，$v_\alpha = D_\alpha u \, (\alpha = 1, ..., m)$ となる．

証明 $u, v_\alpha \in L^p(\Omega)$ であることより，u が弱微分可能で $D_\alpha u = v_\alpha$ となることを示せば十分である．

$\frac{1}{p} + \frac{1}{q} = 1$ を満たす $q > 1$ をとると，$C_0^\infty(\Omega) \subset L^q(\Omega) = \big(L^p(\Omega) \big)^*$ であり，また $\varphi \in C_0^\infty$ なら明らかに $D_\alpha \varphi \in C_0^\infty$ なので，弱収束の定義より，任意の $\varphi \in C_0^\infty(\Omega)$ に対して，

$$\int_\Omega u_n D_\alpha \varphi dx \to \int_\Omega u D_\alpha \varphi dx$$

[18] Sergei Lvovich Sobolev (1908–1989). *関数解析学，偏微分方程式論等の分野で活躍したロシアの数学者．ソボレフ空間，ソボレフの不等式等で後世に名を残している．*

1.3 ヘルダー空間，ソボレフ空間 ◀ *025*

となる．また，仮定 $D_\alpha u_n \rightharpoonup v_\alpha$ より，

$$\int_\Omega D_\alpha u_n \cdot \varphi dx \to \int_\Omega v_\alpha \varphi dx.$$

一方，弱微分の定義より，

$$\int_\Omega u_n D_\alpha \varphi dx = -\int_\Omega D_\alpha u_n \cdot \varphi dx$$

である．これら三つの関係式より，

$$\int_\Omega u D_\alpha \varphi dx = -\int_\Omega v_\alpha \varphi dx \qquad (1.3.6)$$

を得る．また，φ は $C_0^\infty(\Omega)$ から任意に選んでいたので，(1.3.6) より $u \in W^{1,p}(\Omega)$ であり，$D_\alpha u = v_\alpha$ となることが分かる． $\square$

注意 1.3.9 ソボレフ空間における弱収束　本書では $\{u_n\}$ と $\{Du_n\}$ がそれぞれ u と Du に L^p で収束するとき，「$\{u_n\}$ が u に $W^{1,p}$ で弱収束する」と言うことにする．すなわち

$$u_n \rightharpoonup u \text{ in } W^{1,p} \underset{\text{def.}}{\Longleftrightarrow} \begin{cases} u_n \rightharpoonup u & \text{in } L^p \\ Du_n \rightharpoonup Du & \text{in } L^p \end{cases}$$

と定義する．別の言い方をすると，$u : \Omega \to \mathbb{R}$ に対して，$(u, Du) : \Omega \to \mathbb{R} \times \mathbb{R}^m$ を対応させることにより，$W^{1,p}(\Omega)$ を $L^p(\Omega, \mathbb{R} \times \mathbb{R}^m)$ の部分集合と同一視し，L^p での弱収束を考えていることになる．$W^{1,p}$ の双対空間を考えて，弱収束を定義しているわけではないので，一般のバナッハ空間における弱収束の定義 1.2.5 とは異なることに注意．

　次に挙げるソボレフ関数の近似に関する定理は極めて重要である．この定理のおかげで，ソボレフ関数 u に対する種々の性質を示す際，「u に収束する古典的な意味で微分可能な関数の列 $\{u_k\}_{k \in \mathbb{N}}$ をとり，各 u_k に対してその性質を示しておき，$k \to \infty$ として u に対してもその性質が成り立つことを示す」という手法が可能となる．実際，次の定理以降に紹介する様々な性質は，どの本においても大概この手法で示されている．

定理 1.3.10（メイヤーズ–セリン [15]）　任意の $u \in W^{k,p}(\Omega)$ に対して，(1.3.5) で定義されたノルム $\|\cdot\|_{W^{k,p}(\Omega)}$ に関して u に収束す

る関数列 $\{u_i\} \subset C^k \cap W^{k,p}(\Omega)$ が存在する.

注意 1.3.11 この定理において，実際には u への収束列は $C^\infty(\Omega)$ からとることができる.

ソボレフ空間では積分を用いてノルムを定義しているので，「ほとんど至るところで 0」である関数と「（文字どおりの意味で）すべての点で 0」である関数の区別がつかない. これ以降，ソボレフ空間において議論をしていくので，「関数」もしくは「写像」と言う言葉は，実は測度 0 の集合を除いて一致している関数や写像の同値類を示していることになる. 一方，開集合 Ω の境界はルベーグ測度が 0 である. それでは，ソボレフ関数の「境界値」は定義できないのであろうか？ 実は，やや回りくどい方法だが，次の部分空間を考えることにより，「境界値が 0 である」ことを定義する.

定義 1.3.12 $W_0^{k,p}(\Omega)$ を，$W^{k,p}(\Omega)$ におけるノルム $\|\cdot\|_{W^{k,p}(\Omega)}$ に関する $C_0^\infty(\Omega)$ の閉包と定義する.

$W_0^{k,p}$ 自身もバナッハ空間となる.

定義 1.3.13 ソボレフ関数 $u \in W^{1,p}(\Omega)$ が $W_0^{1,p}(\Omega)$ に属するとき，「u の境界値が 0 である」と言い，"$u = 0$ on $\partial\Omega$" と書く. さらに，$u - v \in W_0^{1,p}(\Omega)$ のとき，「$\partial\Omega$ 上で $u = v$ である」と言い，"$u = v$ on $\partial\Omega$" と書く.

古典的な意味での偏微分に対して成り立つ性質の多くが弱微分についても成り立つ. 例えば，$u_1, u_2 \in W^{k,p}(\Omega)$ であり，c_1, c_2 を定数とするとき，$c_1 u_1 + c_2 u_2 \in W^{k,p}(\Omega)$ となり，$|\boldsymbol{\alpha}| \leq k$ を満たす多重指数 $\boldsymbol{\alpha}$ に対して，

$$D^{\boldsymbol{\alpha}}(c_1 u_1 + c_2 u_2) = c_1 D^{\boldsymbol{\alpha}} u_1 + c_2 D^{\boldsymbol{\alpha}} u_2$$

が弱微分に対しても成り立つ. 一方，合成関数の微分に関する連鎖律については，少々注意が必要である.

命題 1.3.14 $f(t) \in C^1(\mathbb{R})$ は有界な導関数 f' を持つとし，$u \in W^{1,p}(\Omega)$ とする. このとき，合成関数 $f \circ u$ も $W^{1,p}(\Omega)$ に属し，$D_\gamma(f \circ u)(x) = f'(u(x))D_\gamma u(x) \ (\gamma = 1, ..., m)$ が成り立つ.

この命題は f がリプシッツ連続であれば（少しだけ形を変えて）成り立つが，特に $f(t) = |t|$ の場合が重要なので，次に述べておく．

命題 1.3.15 $u \in W^{1,p}(\Omega)$ とすると，$|u|$ も $W^{1,p}(\Omega)$ に属し，その弱微分は，

$$
D_\alpha |u|(x) = \begin{cases} D_\alpha u(x) & (u(x) > 0) \\ 0 & (u(x) = 0) \\ -D_\alpha u(x) & (u(x) < 0) \end{cases}
$$

で与えられる．

次に述べる性質は $W^{1,p}$ では成り立つが，C^1 では成り立たないものである．

命題 1.3.16 $1 \le p < \infty$，$\Omega_0 \subset \Omega$ に対して，$u, v \in W^{1,p}(\Omega)$ が $u - v \in W_0^{1,p}(\Omega_0)$ を満たしているとする．このとき，

$$
w(x) = \begin{cases} u(x) & (x \in \Omega_0) \\ v(x) & (x \in \Omega \setminus \Omega_0) \end{cases}
$$

とおくと，$w \in W^{1,p}(\Omega)$ となり，さらに，弱微分 Dw について，

$$
Dw(x) = \begin{cases} Du(x) & (x \in \Omega_0) \\ Dv(x) & (x \in \Omega \setminus \Omega_0) \end{cases}
$$

が成り立つ．

次は，いよいよソボレフの埋蔵定理を紹介する．

定理 1.3.17（ソボレフの埋蔵定理） $\Omega \subset \mathbb{R}^m$ を開集合とし，$u \in W_0^{k,p}(\Omega)$ とする．このとき次が成り立つ．

(i) $p < m$ のとき，$p^* = mp/(m-p)$ に対し，$u \in L^{p^*}(\Omega)$ となり，不等式，

$$
\|u\|_{p^*} \le c(m,p)\|Du\|_p \tag{1.3.7}
$$

が成り立つ．

(ii) $p > m$ のとき，$\alpha = 1 - (m/p)$ に対し，$u \in C^{0,\alpha}(\overline{\Omega})$ となり，不等式，

028 ▶ **1** 準備

$$[u]_\alpha \le c(m,p)\|Du\|_p \qquad (1.3.8)$$

が成り立つ. さらに, Ω が有界なとき,

$$\sup_\Omega |u| \le c(m,p)(\operatorname{diam}\Omega)^\alpha\|Du\|_p \qquad (1.3.9)$$

が成り立つ.

ここで, $c(m,p)$ はいずれも m と p のみに依存し, u には依存しない定数である. また, $\operatorname{diam}\Omega$ は Ω の直径を表す. すなわち,

$$\operatorname{diam}\Omega = \sup_{x,y\in\Omega} \operatorname{dist}(x,y)$$

である.

この定理に現れた p^* の定義は本書を通じて用いる. また, $q^* = p$ となる $q = mp/(m+p)$ を p_* と表す. これらの記号は, 本書のみならず一般によく用いられる.

上の定理では u の境界値が 0 であるよう仮定されているが, Ω の境界 $\partial\Omega$ が十分に滑らかなときは, 境界値が 0 でなくても次の形でソボレフの埋蔵定理が成り立つ.

定理 1.3.18 $\Omega \subset \mathbb{R}^m$ を有界開集合とし, その境界 $\partial\Omega$ はリプシッツ連続であるとする. $u \in W^{1,p}(\Omega)$ に対して, 次が成り立つ.

(i) $p < m$ のとき, $p^* = mp/(m-p)$ に対し, $u \in L^{p^*}(\Omega)$ となり, 不等式,

$$\|u\|_{p^*} \le c(m,p,\Omega)\|u\|_{1,p} \qquad (1.3.10)$$

が成り立つ.

(ii) $p > m$ のとき, $\alpha = 1 - (m/p)$ に対し, $u \in C^{0,\alpha}(\overline{\Omega})$ となり, 不等式,

$$\|u\|_{C^{0,\alpha}(\overline{\Omega})} \le c(m,p,\Omega)\|u\|_{1,p} \qquad (1.3.11)$$

が成り立つ.

ここで, $c(m,p,\Omega)$ はいずれも m, p と Ω のみに依存し, u には依存しない定数である.

$u \in W^{k,p}$ $(1 < p < m)$ の場合, $D^{k-1}u$ に対して, 定理 1.3.18 を用いれば $D^{k-1}u \in L^{p^*}$ となり, さらに $D^{k-2}u$ に対して同じことを繰り返せば $D^{k-2}u \in L^{(p^*)^*}$ となる. (極めて大雑把に言えば) これを繰り返していくことにより, 次の定理を得る.

定理 1.3.19 Ω は前定理と同様とする. $u \in W^{k,p}(\Omega)$ に対して次が成り立つ.

(i) $kp < m$ のとき, $u \in L^q(\Omega)$ となり, 不等式,

$$\|u\|_{mp/(m-kp)} \le c(m,k,p,\Omega)\|u\|_{k,p} \tag{1.3.12}$$

が成り立つ.

(ii) $pk > m$ かつ $k - \frac{m}{p}$ が整数でないとし, $k - \frac{m}{p}$ の整数部分を $r \in \mathbb{N}$ としよう. このとき, $\alpha = k - \frac{m}{p} - r$ に対して $u \in C^{r,\alpha}(\overline{\Omega})$ となり, 不等式,

$$\|u\|_{C^{r,\alpha}(\overline{\Omega})} \le c(m,k,p,\Omega)\|u\|_{k,p} \tag{1.3.13}$$

が成り立つ.

ここで, $c(m,k,p,\Omega)$ はいずれも m,k,p と Ω のみに依存し, u には依存しない定数である.

上の不等式のうち, (1.3.13) の一部分とも言える次の不等式が後で重要となるので, あえて系として書いておく. この系もソボレフの定理と呼ばれる.

系 1.3.20 Ω は前定理と同様とし, $p > km$ かつ $k - \frac{m}{p}$ が整数でないとする. $u \in W^{k,p}(\Omega)$ のとき, $u \in C^0(\overline{\Omega})$ となり, ある定数 $C(m,k,p,\Omega)$ に対して,

$$\sup_{\Omega} |u| \le C(m,k,p,\Omega)\|u\|_{W^{k,p}(\Omega)} \tag{1.3.14}$$

が成り立つ.

不等式 (1.3.7) – (1.3.14) はいずれもソボレフの不等式と呼ばれることが多いが, ヘルダー連続性に関する部分はモレー[19]によるものとして, 定理 1.3.17 – 定理 1.3.19 のうちヘルダー連続性に関す

[19] Charles B. Morrey, Jr. (1907–1984). 解析学, 特に偏微分方程式や変分問題の解の正則性に関する研究で大きな足跡を残したアメリカの数学者.

る部分はソボレフ–モレーの**定理**と呼び，(1.3.8)，(1.3.11)，(1.3.13) をソボレフ–モレーの**不等式**と呼ぶこともある．[12, p.134] にもあるように，ソボレフ空間の導入と研究は，1940 年ころにソボレフの他，モレーらによって独立に行われており，いくつかの結果は，名前を冠すべき人の特定が難しい．

これらの不等式の他に，次に挙げるポアンカレ[20] の不等式もよく用いられる．

定理 1.3.21（ポアンカレの不等式 (1)）　Ω を有界で連結な開集合で，境界 $\partial\Omega$ はリプシッツ連続であるとし，$1 \leq p < +\infty$ とする．このとき，p と m にのみ依存して決まる定数 $C_{P1}(m,p)$ が存在して，任意の $u \in W_0^{1,p}(\Omega)$ に対して，

$$\int_\Omega |u|^p dx \leq C_{P1}(m,p)(\operatorname{diam}\Omega)^p \int_\Omega |Du|^p dx \qquad (1.3.15)$$

が成り立つ．

さらに，境界上で 0 であることを仮定しない場合に対しては，次が成り立つ．

定理 1.3.22（ポアンカレの不等式 (2)）　Ω を定理 1.3.21 と同様とする．m, p, Ω のみに依存して定まる定数 $C_{P2}(m,p,\Omega)$ が存在して，不等式，

$$\int_\Omega |u - u_\Omega|^p dx \leq C_{P2}(m,p,\Omega) \int_\Omega |Du|^p dx \qquad (1.3.16)$$

が任意の $u \in W^{1,p}(\Omega)$ に対して成り立つ．ここで，u_Ω は u の Ω 上での積分平均を表す．すなわち，

$$u_\Omega := \fint_\Omega u dx := \frac{1}{|\Omega|} \int_\Omega u dx \qquad (1.3.17)$$

である．また，特に $\Omega = B(x_0, R)$ のとき，$C_{P2}(m,p,\Omega)$ は $C_{P3}(m,p)R^m$ という形にとれる．すなわち，

$$\int_{B(x_0,R)} |u - u_{B(x_0,R)}|^p dx$$
$$\leq C_{P3}(m,p)R^p \int_{B(x_0,R)} |Du|^p dx \qquad (1.3.18)$$

[20]　Henri Poincaré (1854–1912). 数学, 数理物理学の両面で偉大な功績を残したフランスの数学者. 彼の名を冠した有名な未解決問題「ポアンカレ予想」は近年 Grigory Perelman により証明され, Perelman の数奇な運命とともにテレビでも紹介され話題となった.

1.3　ヘルダー空間，ソボレフ空間　◀ *031*

が成り立つ.

上記の定理中で用いた, 積分平均の記号 $\fint$ は, 本書を通じて用いる. また, 以下においてもポアンカレの不等式を用いたときに現れる Poincaré の頭文字を添字に用いて c_{Pk} という形で書くこととしよう.

さらに, このポアンカレの不等式 (1.3.16) とソボレフの不等式 (1.3.10) より次の定理を得る.

定理 1.3.23 (ソボレフ・ポアンカレの不等式)　Ω は定理 1.3.21 と同様とし, さらに $p < m$ であるとする. このとき, ある定数 $c(m, p, \Omega)$ が存在して, 任意の $u \in W^{1,p}(\Omega)$ に対して, 次の不等式が成り立つ.

$$\|u - u_\Omega\|_{p^*} \leq c(m, p, \Omega)\|Du\|_p. \tag{1.3.19}$$

ソボレフの不等式 (1.3.7) では $u \in W_0^{1,p}(\Omega)$ であることが仮定されていたが, 境界上で 0 でなくとも, 測度が 0 でないある集合 A 上で $u = 0$ である場合に対して, 次の形に精密化できる.

定理 1.3.24　Ω を有界で連結な開集合で, 境界 $\partial\Omega$ はリプシッツ連続であるとする. A を正のルベーグ測度を持つ Ω の部分集合とする. このとき, m, p のみに依存して定まる定数 $c = c(m, p)$ が存在し, A 上で 0 となるような任意の $u \in W^{1,p}(\Omega)$ に対して, 次の不等式が成り立つ.

$$\|u\|_{p^*} \leq c(m, p)\Big(\frac{|\Omega|}{|A|}\Big)^{1/p^*}\|Du\|_p \tag{1.3.20}$$

また, ポアンカレの不等式も同様の仮定のもので成り立つが, 特に本書において重要な, $\Omega = B(x_0, R)$ の場合に対して次の形で成り立つ.

定理 1.3.25　$A \subset B(x_0, R)$ は正のルベーグ測度を持ち, $u \in W^{1,p}(B(x_0, R))$ が, A 上で $u \equiv 0$ であるとする. このとき, 次の不等式が成り立つ.

$$\int_{B(x_0, R)} |u|^p dx$$
$$\leq C_{P4}\Big(\frac{|B(x_0, R)|}{|A|}\Big)^{(1/p^*)} R^p \int_{B(x_0, R)} |Du|^p dx \tag{1.3.21}$$

ここで，定数 $C_{P4} = C_{P4}(m, p)$ は m, p のみに依存して定まる．

さて，ソボレフの埋蔵定理・定理 1.3.18 により，$W^{1,p}(\Omega)$ から $L^{p^*}(\Omega)$ への連続な自然な埋め込み i が定義できるが，この i は連続性よりも強い性質を満たすことが，**レリッヒのコンパクト性定理**[21] により，知られている．この定理を述べるために，次の定義を述べる．

定義 1.3.26（コンパクト作用素）　X, Y をバナッハ空間とし，T を X から Y への線形作用素とする．X の任意の有界列 $\{x_n\}$ に対し，$\{Tx_n\}$ が収束する部分列を含むとき，T は**コンパクト**であるという．

定理 1.3.27（レリッヒ）　$\Omega \subset \mathbb{R}^m$ を有界開集合とし，その境界 $\partial\Omega$ はリプシッツ連続であるとし，$1 \le p < \infty$, $1 \le q < p^* = np/(n-p)$ とする．このとき，埋め込み，

$$i : W^{1,p}(\Omega) \hookrightarrow L^q(\Omega)$$

はコンパクトである．すなわち，$W^{1,p}(\Omega)$ における有界列 $\{u_n\}$ は，$L^q(\Omega)$ で収束する部分列を含む．

本節では，$f : \Omega \to \mathbb{R}$ の場合に対して定義を述べたが，$u : \Omega \to \mathbb{R}^n$ に対しては，

$$W^{k,p}(\Omega; \mathbb{R}^n) := \{u = (u^1, ..., u^n)\ ;\ u^i \in W^{k,p}(\Omega),\ i = 1, ..., n\}$$

と定義する．

21)　「レリッヒ・コンドラショフ（Rellich-Kondorachov）の定理」と呼ばれることもある．

1.3　ヘルダー空間，ソボレフ空間　◀　*033*

2 存在定理，オイラー—ラグランジュ方程式

本書では，ある $f(x, u, \xi) : \Omega \times \mathbb{R}^n \times \mathbb{R}^{mn} \to \mathbb{R}$ に対して，

$$\mathcal{F}(u, \Omega) = \int_\Omega f(x, u, Du)dx \qquad (2.0.1)$$

により与えられる汎関数に対する変分問題，特に「ある条件」を満たす関数のうちで「$\mathcal{F}$ を最小化する関数を求めよ」という問題を扱う．また，この「ある条件」としてはいわゆるディリクレ境界条件を考えることとする．

本書の目的は「解の正則性」の問題を扱うことにあり，存在定理には深入りするつもりはないが，「あるかないか分からないもの」に関してその「正則性」を議論するのも虚しいかとも思うので，基本的な場合に限って，存在定理を紹介しておく．

2.1 抽象的な枠組みでの存在定理

まず，抽象的（一般的）な位相空間における汎関数の最小点の存在定理を述べるために，いくつかの定義を与える．

定義 2.1.1（点列的下半連続） X を位相空間とし，$\mathcal{F} : X \to \overline{\mathbb{R}}$ とする．X のある元 v に収束する任意の列 $\{v_k\} \subset X$ に対して，

$$\mathcal{F}(v) \leq \liminf_{k \to \infty} \mathcal{F}(v_k)$$

を満たすとき，$\mathcal{F}$ は**点列的下半連続**であると言う．

本書では「点列的」を省略して単に「下半連続」と言うことにする．

定義 2.1.2（最小化列）　X を位相空間, $V \subset X$, $\mathcal{F} : X \to \mathbb{R} \cup \{\infty\}$ とし, $\mathcal{F}$ は V 上で下から有界であるとする. $\{v_k\} \subset V$ が,

$$\lim_{k \to \infty} \mathcal{F}(v_k) = \inf_V \mathcal{F}$$

を満たすとき, V における $\mathcal{F}$ の**最小化列**であるという.

　以上の二つの定義を準備すれば, 次の抽象的な空間での存在定理は容易に証明できる.

定理 2.1.3　X を位相空間, $V \subset X$, $\mathcal{F} : X \to \mathbb{R}$ とし, 次の三つを仮定する.

仮定 1　$\mathcal{F}$ は V で下から有界, すなわち $\inf_V \mathcal{F} > -\infty$ である.

仮定 2　V における $\mathcal{F}$ の最小化列は, V のなかで収束する部分列を持つ.

仮定 3　$\mathcal{F}$ は X で下半連続である.

このとき, $\mathcal{F}$ は V における最小点を持つ.

証明　まず, **仮定 1** と下限の定義より最小化列は必ずとれることに注意しておく. $\mathcal{F}$ の V における最小化列をとり, それを $\{v_k\}$ とする. 最小化列の定義と**仮定 1** より,

$$\lim_{k \to \infty} \mathcal{F}(v_k) = \inf_V \mathcal{F} \in \mathbb{R} \tag{2.1.1}$$

である. **仮定 2** より $\{v_k\}$ の部分列 $\{v_{k_p}\}$ がある $v_0 \in V$ に収束する. **仮定 3** と (2.1.1) より,

$$\inf_V \mathcal{F} \le \mathcal{F}(v_0) \le \lim_{k \to \infty} \mathcal{F}(v_{k_p}) = \inf_V \mathcal{F}$$

となるので, $\inf_V \mathcal{F} = \mathcal{F}(v_0)$, すなわち v_0 が V における $\mathcal{F}$ の最小点である.　　　　　　　　　　　　　　　　　　　　　□

　この簡単な定理から分かるように, 最小点の存在を示すには, 上の三つの仮定を満たすことを示せばよい. また, 本書では下から有界な汎関数しか扱わないので, **仮定 1** は意識しなくてよく, 結局 **仮定 2** と **仮定 3** が問題となる.

036 ▶ **2**　存在定理, オイラー–ラグランジュ方程式

2.2 最小化列の「収束性」

前節の定理 2.1.3 の**仮定 2** が成り立つための条件は何であろうか？ これは，単に汎関数 $\mathcal{F}$ に課すべき条件ではなく，むしろ $\mathcal{F}$ と考える空間 X の位相との組合せの問題であることは容易に想像がつくであろう．

この章の冒頭において (2.0.1) で与えた汎関数 $\mathcal{F}$ に対して，次の問題を考えよう．

> ┌─ ディリクレ境界条件 ─────────
>
> ある与えられた u_0 に対して，ディリクレ境界条件，
>
> $$u|_{\partial\Omega} = u_0|_{\partial\Omega}$$
>
> の下で $\mathcal{F}$ を最小化する写像を求めよ．

$\mathcal{F}$ はある $\lambda > 0$ に対して次の条件を満たすとする．

$$\mathcal{F}(u) \geq \lambda \int_\Omega |Du|^p dx. \tag{2.2.1}$$

$\mathcal{F}$ がこの条件を満たすとき，$\mathcal{F}$ の最小化列 $\{v_k\}$ について $\mathcal{F}(v_k)$ は収束列であり有界であるから，$\|Dv_k\|_p$ もまた有界である．また，このような関数列を扱うのだから，位相空間 X としてはソボレフ空間 $W^{1,p}(\Omega;\mathbb{R}^n)$ を採用することは自然であろう．したがって，境界条件 u_0 も $W^{1,p}(\Omega;\mathbb{R}^n)$ からとっておけば，最小点を探す集合 V は，

$$u_0 + W_0^{1,p}(\Omega;\mathbb{R}^n) := \{v \in W^{1,p}(\Omega;\mathbb{R}^n) \, ; \, v - u_0 \in W^{1,p}(\Omega;\mathbb{R}^n)\}$$

がふさわしい．$\|Dv_k\|_p$ が有界なことより，ポアンカレの不等式を用いれば，$\|v\|_p$ も有界となる．ここで，第 1 章で準備した定理 1.2.7 を用いれば $\{v_k\}$ はある v_0 に L^p で汎弱収束する部分列 $\{v_{k_l}\}$ を持つ．さらに，$\|Dv_{k_l}\|_p$ も有界であることより，この $\{Dv_{k_l}\}$ の部分列で，ある $V \in L^p$ に L^p で汎弱収束するものがとれる．しかも，定理 1.3.8 により，$V = Dv_0$ である．一方，やはり第 1 章で述べたように，$p > 1$ に対しては L^p は反射的なので，汎弱収束と弱収束が一致する．したがって，部分列をとることにより（最終的に選んだ部

分列を改めて $\{v_k\}$ と書くことにして），ある $v_0 \in W^{1,p}$ に対して，

$$v_k \rightharpoonup v_0, \quad Dv_k \rightharpoonup Dv_0 \quad \text{in } L^p(\Omega; \mathbb{R}^n) \tag{2.2.2}$$

となる．結局，定理 2.1.3 の**仮定 2** は，上の (2.2.2) の収束に関して成り立つ．

弱収束は文字どおり弱い収束なので，次に考えなければならない問題はこの弱い収束に関して，**仮定 3** が成り立つかどうかである．当然のことながら，下半連続性は収束の概念が強いほど成り立ちやすく，弱いほど成り立ちにくい．

2.3 ▶ 凸性と下半連続性

この節では汎関数に凸性という条件を課せば，ソボレフ空間の弱収束に関して下半連続となることを示す．

定義 2.3.1 関数 $f : \mathbb{R}^k \to \mathbb{R}$ が凸であるとは，任意の $z, w \in \mathbb{R}^k$ と任意の $t \in [0,1]$ に対して，

$$f(tw + (1-t)z) \leq tf(w) + (1-t)f(z) \tag{2.3.1}$$

を満たすことを言う．

命題 2.3.2 関数 $f \in C^1(\mathbb{R}^k)$ が凸であるとき，任意の $z, w \in \mathbb{R}^k$ に対して，

$$f(w) - f(z) \geq f_{z^i}(z)(w^i - z^i) \tag{2.3.2}$$

が成り立つ．ただし，f_{z^i} は $\partial f / \partial z^i$ を表す．

証明 $z, w \in \mathbb{R}^k$ を任意にとる．関数 f が (2.3.1) を満たすとし，$t \in [0,1]$ に対し，$\phi(t) := f(tw + (1-t)z)$ とおく．連鎖律より，

$$\phi'(0) = f_{z^i}(z)(w^i - z^i) \tag{2.3.3}$$

である．一方，微分の定義と (2.3.1) を用いると，

$$\phi'(0) = \lim_{t \to 0} \frac{1}{t}\{\phi(t) - \phi(0)\}$$

038 ▶ **2** 存在定理，オイラー–ラグランジュ方程式

$$= \lim_{t \to 0} \frac{1}{t} \big\{ f\big(tw + (1-t)z\big) - f(z) \big\}$$

$$\leq \lim_{t \to 0} \frac{1}{t} \big\{ tf(w) + (1-t)f(z) - f(z) \big\}$$

$$= f(w) - f(z) \tag{2.3.4}$$

を得る. (2.3.3) と (2.3.4) より (2.3.2) を直ちに得る. $\qquad\square$

　本書では汎関数 $\mathcal{F}$ を定義する $f(x, u, z)$ が十分に滑らかな場合しか扱わないので, 存在定理も f に十分な滑らかさを仮定した場合に対してのみ述べる.

定理 2.3.3 $f(x, u, z)$ を $\Omega \times \mathbb{R}^n \times \mathbb{R}^{mn}$ 上で定義された非負関数[22]で, f とその z に関する偏導関数 $\frac{\partial f}{\partial z_\alpha^i}$ がすべて $\Omega \times \mathbb{R}^n \times \mathbb{R}^{mn}$ で連続であり, さらに f は z に関して凸であるとする. $\mathcal{F}$ を,

$$\mathcal{F}(u) = \int_\Omega f(x, u(x), Du(x)) dx$$

により定義する. $u_k, u \in W^{1,1}(\Omega; \mathbb{R}^n)$ であり, $L^1(\Omega; \mathbb{R}^n)$ において, $u_k \to u$（強収束）かつ $Du_k \rightharpoonup Du$（弱収束）であると仮定する. このとき,

$$\mathcal{F}(u) \leq \liminf_{k \to \infty} \mathcal{F}(u_k) \tag{2.3.5}$$

が成り立つ.

[22] 下から有界で十分であるが, 証明の見通しを良くするために非負とした.

証明 $\varepsilon > 0$ を任意にとる. 積分の絶対連続性 [23, 定理 4.23] より, 十分小さい $\delta > 0$ を選べば, $|\Omega \setminus K| < \delta$ ならば,

$$\int_K f(x, u, z) dx > \int_\Omega f(x, u, z) dx - \varepsilon \tag{2.3.6}$$

となる. この $\delta > 0$ を一つ固定しておく. エゴロフの定理（定理 1.1.3）より $|\Omega \setminus K_1| < \delta/2$ を満たすコンパクト集合 $K_1 \subset \Omega$ で, K_1 上 u_k は u に一様収束するものがとれ, また, ルージンの定理（定理 1.1.4）より $|\Omega \setminus K_2| < \delta/2$ を満たすコンパクト集合 $K_2 \subset \Omega$ で, K_2 上 u と Du が連続となるものがとれる. $K = K_1 \cap K_2$ とおくと, $|\Omega \setminus K| < \delta$ となるので, K 上ではこれらの二つの性質と (2.3.6) が成り立つ.

　以後, f_z により $f_{z_\alpha^i} = \partial f / \partial z_\alpha^i$ を成分とする $\mathbb{R}^{mn}$ のベクトルを

2.3 凸性と下半連続性 ◀ *039*

表す.

連鎖律と f の z に関する凸性より次の評価を得る.

$$
\int_K f(x, u_k, Du_k) dx
$$
$$
= \int_K \left\{ f(x, u_k, Du) + \left(f(x, u_k, Du_k) - f(x, u_k, Du) \right) \right\} dx
$$
$$
\geq \int_K f(x, u_k, Du) dx + \int_K \langle f_z(x, u, Du), Du_k - Du \rangle \, dx
$$
$$
= \int_K f(x, u_k, Du) dx + \int_K \langle f_z(x, u, Du), Du_k - Du \rangle \, dx
$$
$$
+ \int_K \langle f_z(x, u_k Du) - f_z(x, u, Du), Du_k - Du \rangle \, dx. \quad (2.3.7)
$$

右辺第 1 項は, K 上で $u_k \rightrightarrows u$ であることと $f(x, u, z)$ の u に関する連続性より, $k \to \infty$ のとき $\int_K f(x, u, Du) dx$ に収束する.

K 上で u, Du が連続であり, したがって $f_z(x, u(x), Du(x))$ が, コンパクト集合 K 上の連続関数 (したがって有界) であることと $Du_k \rightharpoonup Du$ であることより, 第 2 項は $k \to \infty$ のとき 0 に収束する.

第 3 項は,

$$
\sup_{x \in K} \left| f_z(x, u_k(x), Du(x)) - f_z(x, u(x), Du(x)) \right|
$$
$$
\times \| Du_k - Du \|_{L^1(K)}
$$

により上から評価できる. $L^1(\Omega; \mathbb{R}^n)$ において $Du_k \rightharpoonup Du$ としているので, 定理 1.2.6 (i) より, $\| Du_k - Du \|_{L^1(K)}$ は有界である. 一方, K 上で $u_k \rightrightarrows u$ であることより $\sup_K \left| f_z(x, u_k(x), Du(x)) - f_z(x, u(x), Du(x)) \right| \to 0$ である. したがって, 第 3 項も 0 に収束することが分かる.

以上と f の非負性, (2.3.6) より,

$$
\liminf_{k \to \infty} \int_\Omega f(x, u_k, Du_k) dx
$$
$$
\geq \liminf_{k \to \infty} \int_K f(x, u_k, Du_k) dx
$$
$$
\geq \int_K f(x, u, Du) dx \geq \int_\Omega f(x, u, Du) dx - \varepsilon
$$

が, 証明の冒頭で任意に選んだ $\varepsilon > 0$ に対して成り立つので, (2.3.5)

を得る. □

2.4 直接法による存在定理

ここまでの準備で，いよいよソボレフ空間における汎関数の最小点の存在定理を述べることができる．なお，ここで解説するような，汎関数の最小化列をとって，その極限として最小点の存在を示す方法を変分問題における**直接法**と呼んでいる．

まず，扱う問題を，条件や考える関数空間とともに改めて整理しておこう．関数，

$$f: \quad \Omega \times \mathbb{R}^n \times \mathbb{R}^{mn} \quad \to \quad [0, \infty)$$
$$\cup \qquad\qquad\qquad \cup$$
$$(x, u, z) \qquad \mapsto \quad f(x, u, z)$$

は，ある $p \geq 1$ と $\lambda > 0$ に対して，

$$\lambda |z|^p \leq f(x, u, z) \tag{2.4.1}$$

を任意の $(x, u, z) \in \Omega \times \mathbb{R}^n \times \mathbb{R}^{mn}$ に対して満たすとする．

問題 D

ある関数 $u_0 : \Omega \to \mathbb{R}^n$ に対して，ディリクレ境界条件，

$$u|_{\partial\Omega} = u_0|_{\partial\Omega} \tag{2.4.2}$$

を満たす関数 $u \in W^{1,p}(\Omega; \mathbb{R}^n)$ のうちで，汎関数，

$$\mathcal{F}(u) = \int_\Omega f(x, u(x), Du(x)) dx$$

を最小化するものを求めよ．

定理 2.4.1 $p > 1$ とする．$f : \Omega \times \mathbb{R}^n \times \mathbb{R}^{mn}$ は定理 2.3.3 の条件と (2.4.1) を満たすとする．このとき，任意の $u_0 \in W^{1,p}(\Omega; \mathbb{R}^n)$ に対して問題 D の解が存在する

証明 $V = u_0 + W_0^{1,p}(\Omega; \mathbb{R}^n)$ とおく．$f \geq 0$ より，任意の $u \in W^{1,p}$

に対して $\mathcal{F}(u) \geq 0$ であるから, $\inf_V \mathcal{F} \geq 0$ である (定理 2.1.3 の
仮定 1 が成立).

inf の定義より, V の要素からなる関数列 $\{u_k\}$ で $\mathcal{F}$ の V におけ
る最小化列, すなわち,

$$\lim_{k \to \infty} \mathcal{F}(u_k) = \inf_{v \in V} \mathcal{F}(v)$$

を満たすものがとれる. 2.2 節で考察したように, $\{u_k\}$ の部分列 (こ
れを改めて $\{u_k\}$ と書こう) をとって, ある $\bar{u} \in V$ に対して, L^p で
$u_k \rightharpoonup \bar{u}$ かつ $Du_k \rightharpoonup D\bar{u}$ となるものがとれる (定理 2.1.3, **仮定 2**
成立).

一方, 一般に弱収束列は有界列となるので, $\{u_k\}$ は $W^{1,p}$ で有界
列であり, 定理 1.3.27 を用いれば, さらに部分列 (これもまた $\{u_k\}$
と書こう) をとることにより u_k は $\bar{u}$ に L^1 で強収束しているとして
よい. したがって, 定理 2.3.3 より, (2.3.5) が成り立つ (定理 2.1.3
の**仮定 3** 成立).

以上より, 定理 2.1.3 により, $\mathcal{F}$ は V における最小点を持つ
($\mathcal{F}(\bar{u}) = \inf_V \mathcal{F}$ である). $\qquad\square$

以上で, 一応, 一番簡単な場合ではあるが, ソボレフ空間におけ
る最小点の存在が保証された.

次に, 一般の (最小点とは限らない) 停留点を与える写像が満た
すべき方程式について考える.

2.5 ▶ オイラー–ラグランジュ方程式とその弱解

与えられた関数 $u_0 \in W^{1,p}(\Omega; \mathbb{R}^n)$ に対して, u が $u_0 +$
$W_0^{1,p}(\Omega; \mathbb{R}^n)$ における $\mathcal{F}$ の停留点を与えるとする. 今, $\varphi \in$
$W_0^{1,p}(\Omega; \mathbb{R}^n)$ と適当な $\varepsilon > 0$ に対して, $(-\varepsilon, \varepsilon)$ 上で定義された
関数 $\eta_\varphi(t)$ を,

$$\eta_\varphi(t) := \mathcal{F}(u + t\varphi)$$

により定義する. η_φ は 1 変数の関数で, u が $\mathcal{F}$ の停留点であるこ
とから η_φ は $t = 0$ で極値を持つ. したがって, 微分可能であれば,
$\eta_\varphi'(0) = 0$ となる. この $\eta_\varphi'(0) = 0$ から, u に対してどのような条

042 ▶ **2** 存在定理, オイラー–ラグランジュ方程式

件が得られえるか調べよう．まず，積分記号下の微分が可能であるとの前提で形式的に計算をしてみる．なお，以下において $f(x, u, z)$ の各変数に関する偏導関数を以下のように略記する．

$$f_{x^\alpha} := \frac{\partial f}{\partial x^\alpha}, \quad f_{u^i} := \frac{\partial f}{\partial u^i}, \quad f_{z_\alpha^i} := \frac{\partial f}{\partial z_\alpha^i}.$$

また，2階以上の偏導関数も同様に右下に変数を書き加えて表すこととする．η' を計算し，次を得る．

$$
\begin{aligned}
0 = \eta'_\varphi(0) &= \frac{d}{dt} \int_\Omega f(x, u + t\varphi, Du + tD\varphi)dx \Big|_{t=0} \\
&= \int_\Omega \frac{d}{dt} f(x, u + t\varphi, Du + tD\varphi)dx \Big|_{t=0} \\
&= \int_\Omega \left[f_{u^i}(x, u, Du)\varphi^i + f_{z_\alpha^i}(x, u, Du)D_\alpha\varphi^i \right]dx. \quad (2.5.1)
\end{aligned}
$$

第2項の D_α を部分積分によって $f_{z_\alpha^i}$ に移すと（注意 1.3.5 参照），

$$
\begin{aligned}
0 = \int_\Omega \big[&f_{u^i}(x, u, Du) - f_{z_\alpha^i x^\alpha}(x, u, Du) \\
&- f_{z_\alpha^i u^j}(x, u, Du)D_\alpha u^j - f_{z_\alpha^i z_\beta^j}(x, u, Du)D_\alpha D_\beta u^j \big]\varphi^i dx
\end{aligned}
$$
$$(2.5.2)$$

となる．個々の問題で上の計算を行う場合，注意しなければならないのは，d/dt を積分の中に入れるところと，部分積分によって D_α を移すところでの式変形が正当化できるかどうかである．

とにかく，いろいろな条件が揃って，上で行った計算が正当化されれば，(2.5.2) が任意の $\varphi \in W_0^{1,p}(\Omega; \mathbb{R}^n))$ に対して成り立つことから，(2.5.2) の $[......] = 0$ となることが導かれる．

定義 2.5.1（第1変分，オイラー–ラグランジュ方程式）　(2.5.1) の右辺を汎関数 $\mathcal{F}$ の（φ 方向の）**第1変分**と呼び，$\delta_\varphi \mathcal{F}(u)$ と記す．

微分方程式，

$$
\begin{aligned}
&f_{z_\alpha^i z_\beta^j}(x, u, Du)D_\alpha D_\beta u^j + f_{z_\alpha^i u^j}(x, u, Du)D_\alpha u^j \\
&+ f_{z_\alpha^i x^\alpha}(x, u, Du) - f_{u^i}(x, u, Du) = 0 \quad (i = 1, ..., n) \quad (2.5.3)
\end{aligned}
$$

を汎関数 $\mathcal{F}$ の**オイラー**[23]**–ラグランジュ**[24]**方程式**と呼ぶ．

さらに，$u \in W^{1,p}(\Omega; \mathbb{R}^n)$ が (2.5.1) を任意の $\varphi \in C_0^\infty(\Omega; \mathbb{R}^n)$ に

[23]　Leonhard Euler (1707–1783)．スイスのバーゼルに生まれ，ドイツ（当時のプロイセン王国）とロシアで活躍した数学者，天文学者．18世紀のみならず，すべての時代を通じて最も偉大な数学者の一人と言っても過言ではないであろう．極めて多作であり，解析学，代数学，幾何学，数理物理学，天文学等様々な分野に多くの偉大な業績を残した．論文等の作品数は今日分かっているだけで 886 という膨大な数である．"The Euler Archive" というサイトで，866 編が自由に閲覧できる．「オイラー数」等々その名を冠する専門用語も多数ある．また，関数を $y = f(x)$ の形で初めて記述したのも彼であると伝えられている．

[24]　Joseph-Louis Lagrange(1736–1813)．トリノ（イタリア）生まれのフランスの数学者．ちなみに洗礼を受けたときは Giuseppe Lodovico Lagrangia というイタリア人名であった．オイラーとともに18世紀を代表する数学者，天文学者．特に解析力学の創始者として名高く，著書「解析力学」は名著の誉れ高い．やはり彼の名を関する用語は多く，特に理系の方なら「ラグランジュの未定乗数法」をご存知であろう．

対して満たすとき，u は (2.5.3) の**弱解**であるといい，φ を**テスト関数**と呼ぶ．

注意 2.5.2 弱解の定義においては，テスト関数は C_0^∞ に属するものを考えるが，上の第 1 変分の計算におけるように，$W_0^{1,p}$ の関数をとるほうが自然である．さらに，以下で展開する正則性の理論では，テスト関数は $W_0^{1,p}$ からとることが必要となる．

一方，任意の $\varphi \in W_0^{1,p}(\Omega; \mathbb{R}^n)$ に対して，(2.5.1) の計算を正当化しようと思うと，$f_{u^i}(x, u, z)\varphi$ が可積分でなければならず，そのためには $|f_{u^i}(x, u, z)| \leq c(x, u)|z|^{p-1}$ という評価がある有界な関数 $c(x, u)$ に対して成り立たなければならない．しかし，残念ながらこの条件は，多くの重要な汎関数に対して成立せず，そのような場合には，テスト関数を $W_0^{1,p}$ からとる際，何らかの条件を付けることが必要となる（例 2.5.6 参照）．

いくつかの汎関数について，その第 1 変分とオイラー–ラグランジュ方程式を計算してみよう．

例 2.5.3（ディリクレ積分，調和関数） まずは最も簡単な例．$u : \Omega \to \mathbb{R}$ に対して，

$$\mathcal{D}(u) := \int_\Omega |Du|^2 dx = \int_\Omega \sum_\alpha^m (D_\alpha u)^2 dx.$$

と定義する．$u \in W^{1,2}(\Omega)$，$\varphi \in W_0^{1,2}(\Omega)$ に対して，第 1 変分 $\delta_\varphi \mathcal{D}(u)$ を計算すると，

$$\delta_\varphi \mathcal{D}(u) = \frac{d}{dt} \int_\Omega |Du + tD\varphi|^2 dx \Big|_{t=0} = \int_\Omega \frac{d}{dt} |Du + tD\varphi|^2 dx \Big|_{t=0}$$
$$= \frac{1}{2} \int_\Omega D_\alpha u D_\alpha \varphi\, dx$$

となる．この場合，最後に現れる被積分関数が $u \in W^{1,2}(\Omega; \mathbb{R}^n)$，$\varphi \in W_0^{1,2}(\Omega)$ に対して可積分関数となるので，d/dt を積分記号の中に入れることが許される．さて，u が少なくとも $W^{2,2}$ に属すと仮定して，部分積分して「$= 0$」とおけば，

$$\int_\Omega \sum_{\alpha=1}^m D_\alpha^2 u \cdot \varphi\, dx = 0$$

044 ▶ **2** 存在定理，オイラー–ラグランジュ方程式

となり，これが任意の $\varphi \in W^{1,2}(\Omega)$ に対して成り立つとすると，$\mathcal{D}$ のオイラー–ラグランジュ方程式,

$$\sum_{\alpha=1}^{m} D_\alpha^2 u = 0 \qquad (2.5.4)$$

を得る．この左辺を Δu と書き，この Δ を**ラプラシアン**と呼ぶ．また，この方程式を u に対する**ラプラス**[25)]**方程式**と呼び，これを満たす u を**調和関数**と呼ぶ.

例 2.5.4（面積，極小曲面） 関数 $u \in C^1(\Omega)$ のグラフとして得られる曲面,

$$S_u := \{(x^1, ..., x^m, y) \; ; \; x = (x^1, .., x^m) \in \Omega, \; y = u(x)\}$$

の面積は,

$$\mathcal{A}(u) := \int_\Omega \sqrt{1 + |Du|^2} dx$$

により与えられる．$\mathcal{A}$ の第 1 変分を形式的に計算すると,

$$\delta_\varphi \mathcal{A}(u) = \int_\Omega \frac{D_\alpha u}{\sqrt{1 + |Du|^2}} \cdot D_\alpha \varphi dx$$

となり，オイラー–ラグランジュ方程式は,

$$D_\alpha \left(\frac{D_\alpha u}{\sqrt{1 + |Du|^2}} \right) = 0 \qquad (2.5.5)$$

となる[26)].

　以上，二つの例はスカラー値関数に対する汎関数である．次に，ベクトル値関数に対する汎関数の例を挙げる.

例 2.5.5 $u : \Omega \to \mathbb{R}^n$ に対して，ディリクレ積分を多少一般化した次の汎関数を考える.

$$\mathcal{F}_0(u) := \int_\Omega A_{ij}^{\alpha\beta}(x) D_\alpha u^i(x) D_\beta u^j(x) dx.$$

ここで，$A_{ij}^{\alpha\beta}(x)$ は Ω で定義された微分可能かつ有界な関数で，$A_{ij}^{\alpha\beta}(x) = A_{ji}^{\beta\alpha}(x)$ を満たしているとする．$u \in W^{1,2}(\Omega; \mathbb{R}^n)$ と $\varphi \in W_0^{1,2}(\Omega; \mathbb{R}^n)$ に対して，第 1 変分 $\delta_\varphi \mathcal{F}_0(u)$ を計算すると例

[25)] Pierre-Simon Laplace (1749–1827). フランスの数学者，物理学者，天文学者．彼の『天体力学』は名著として名高く，後世の学問に大きな影響を与えた．また，ラプラス方程式の他，応用上も極めて重要なラプラス変換も文字どおり彼が基礎を築いた.

[26)] 極小曲面の問題では，適する関数空間は $W^{1,1}$ と思われるかもしれないが，L^1 が反射的でないため，系 1.2.9 が使えず，したがって，前節で述べた直接法による存在定理が成り立たない．そのため，極小曲面の問題では，ソボレフ空間ではなく，BV(bounded variation) というクラスで考える（ [11] 参照).

2.5.3 と同様に，微分と積分の順序交換ができて，

$$
\begin{aligned}
\delta_\varphi \mathcal{F}_0(u) &= \left. \frac{d}{dt} \mathcal{F}_0(u + t\varphi) \right|_{t=0} \\
&= \int_\Omega \frac{d}{dt} A_{ij}^{\alpha\beta}(x) D_\alpha(u^i + t\varphi^i) D_\beta(u^j + \varphi^j) \Big|_{t=0} dx \\
&= 2 \int_\Omega A_{ij}^{\alpha\beta}(x) D_\alpha u^i D_\beta \varphi^j dx \qquad (2.5.6)
\end{aligned}
$$

となる．さらに，$A_{ij}^{\alpha\beta}(x)$ の偏導関数も有界であると仮定すれば，部分積分により，

$$
\begin{aligned}
&\int_\Omega A_{ij}^{\alpha\beta}(x) D_\alpha u^i D_\beta \varphi^j dx \\
&= -\int_\Omega D_\beta \big(A_{ij}^{\alpha\beta}(x) D_\alpha u^i \big) \varphi^j dx \\
&= -\int_\Omega \Big\{ A_{ij}^{\alpha\beta}(x) D_\beta D_\alpha u^i + \big(D_\beta A_{ij}^{\alpha\beta}(x) \big) D_\alpha u^i \Big\} \varphi^j dx
\end{aligned}
$$

を得る．これより，$\mathcal{F}_0$ のオイラー–ラグランジュ方程式は，

$$
A_{ij}^{\alpha\beta}(x) D_\beta D_\alpha u^i + \big(D_\beta A_{ij}^{\alpha\beta}(x) \big) D_\alpha u^i = 0 \quad (i = 1, ..., n) \quad (2.5.7)
$$

となる．

例 2.5.6 $A_{ij}^{\alpha\beta}(x, u)$ は $\Omega \times \mathbb{R}^n$ 上で定義された C^1 級の関数で，前の例と同様の対称性を持つものとする．$u : \Omega \to \mathbb{R}^n$ に対して，

$$
\mathcal{E}(u) := \int_\Omega A_{ij}^{\alpha\beta}(x, u) D_\alpha u^i D_\beta u^j dx
$$

と定義する．$u \in W^{1,2}(\Omega; \mathbb{R}^n)$ に対して第 1 変分 $\delta_\varphi \mathcal{E}(u)$ を計算すると，

$$
\begin{aligned}
&\delta_\varphi \mathcal{E}(u) \\
&= \frac{d}{dt} \int_\Omega A_{ij}^{\alpha\beta}(x, u + t\varphi) D_\alpha(u^i + t\varphi^i) D_\beta(u^j + t\varphi^j) dx \Big|_{t=0} \\
&= \int_\Omega \frac{d}{dt} \Big\{ A_{ij}^{\alpha\beta}(x, u + t\varphi) D_\alpha(u^i + t\varphi^i) D_\beta(u^j + t\varphi^j) \Big\} \Big|_{t=0} dx \\
&= \int_\Omega \Big\{ 2 A_{ij}^{\alpha\beta}(x, u) D_\alpha u^i D_\beta \varphi^j + \frac{\partial A_{ij}^{\alpha\beta}}{\partial u^k}(x, u) \cdot \varphi^k D_\alpha u^i D_\beta u^j \Big\} dx
\end{aligned}
$$

となる $\cdots$．と思いそうだが，実はこれまでとは違った問題点がある．

046 ▶ **2** 存在定理，オイラー–ラグランジュ方程式

最後の式の第2項をよく見ると，Du が二つある．$u \in W^{1,2}(\Omega; \mathbb{R}^n)$ で考えるので，Du 二つですでに可積分性はギリギリであり，これらにかかっている二つの関数は L^∞ でなければ，この項の可積分性は保証されない．したがって，微分と積分の順序交換を行うためには，$A_{ij}^{\alpha\beta}(x,u)$ の u に関する偏導関数の有界を仮定するのみならず，φ の有界性も仮定しなければならない．すなわち，$\delta_\varphi \mathcal{E}(u)$ を考えるときは，φ を $W_0^{1,2} \cap L^\infty(\Omega; \mathbb{R}^n)$ から選ばなければならない．

さて，これまでの例に倣って部分積分を行い，オイラー–ラグランジュ方程式を求めると，

$$\frac{\partial}{\partial x^\beta}\left(A_{ij}^{\alpha\beta}(x,u(x))D_\alpha u^i\right)$$
$$-\frac{1}{2}\frac{\partial A_{ik}^{\alpha\beta}}{\partial u^j}(x,u)D_\alpha u^i D_\beta u^k = 0 \quad (i=1,...,n) \qquad (2.5.8)$$

を得る．

前節では，直接法による変分問題の解の存在証明を扱ったが，オイラー–ラグランジュ方程式を解くことによっても，変分問題の解の存在が示せる．後者によって得られた解は，一般に停留点ではあるが，最小点かどうかは（別に証明しない限り）分からない．逆に，最小点でない停留点は直接法では見つけられず，オイラー–ラグランジュ方程式を解くか，もしくは別の方法によらなければならない．本書はこの後，解の正則性の話題へと進むが，基本的に最小点を扱う．

2.5 オイラー–ラグランジュ方程式とその弱解

3 弱解の正則性 —— 線形の場合

3.1 偏微分方程式とその分類

以下で用いる偏微分方程式に関する用語を，必要最小限のものに限り，紹介する．

関数 $u : \Omega \to \mathbb{R}$ に対して，

$$K(x, u, Du, D^2 u, ..., D^k u) = f(x) \qquad (3.1.1)$$

のように，u の k-次偏導関数までを含んだ方程式を k-階偏微分方程式と呼ぶ．ただし，関数 K を $\Omega \times \mathbb{R} \times \mathbb{R}^m \times \mathbb{R}^{m^2} \times \cdots \times \mathbb{R}^{m^k}$ 上で定義されたものとし，f は Ω 上で定義された関数として与えられたものとする．k-回偏微分可能な関数 u が (3.1.1) を満たすとき，「u は (3.1.1) の解である」と言う．

(3.1.1) の右辺を 0 とした方程式，

$$K(x, u, Du, D^2 u, ..., D^k u) = 0 \qquad (3.1.2)$$

の解 u_1, u_2 に対して，その 1 次結合 $\lambda_1 u_1 + \lambda_2 u_2$ （λ_1, λ_2 は定数）も必ず (3.1.2) の解となっているとき，方程式 (3.1.1) は**線形偏微分方程式**であるという．線形でない偏微分方程式を**非線形偏微分方程式**と呼ぶ．

考えている関数がベクトル値の場合 $u : \Omega \to \mathbb{R}^n$ に対しては，次のような**偏微分方程式系**が考えられる．

$$K^i(x, u^1, ..., u^n, Du^1, ..., Du^n, ..., D^k u^1, ..., D^k u^n)$$
$$= f^i(x) \quad (i = 1, ..., n).$$

ただし，各 K^i は $\Omega \times \mathbb{R}^n \times \mathbb{R}^{mn} \times \cdots \times \mathbb{R}^{m^k n}$ で定義された関数である．偏微分方程式系に対しても，同様に線形と非線形を定義する．

考えている方程式が方程式「系」でない（すなわち $n=1$）ことを強調したいとき，しばしば単独方程式という呼び方をする．

§2.5 において例として挙げたオイラー–ラグランジュ方程式はすべて 2 階の偏微分方程式 ((2.5.4), (2.5.5))，もしくは偏微分方程式系 ((2.5.7), (2.5.8)) であり，(2.5.4) と (2.5.7) は線形，(2.5.5) と (2.5.8) は非線形である．また，これらの方程式（系）はすべて，

$$a_{ij}^{\alpha\beta}(x, u, Du) D_\beta D_\alpha u^i + b_j(x, u, Du) = 0 \quad (j = 1, ..., n) \quad (3.1.3)$$

という形に表すことができる．この方程式系において，$(a_{ij}^{\alpha\beta})_{1 \le i,j \le n}^{1 \le \alpha,\beta \le m}$ を，添字が四つもあり，いわゆる行列ではないが，**係数行列**と呼ぼう．

$n=1$ のとき，係数行列 $\left(a^{\alpha\beta}(x, u, p)\right)$ が各 $(x, u, p) \in \Omega \times \mathbb{R} \times \mathbb{R}^m$ において，

$$a^{\alpha\beta}(x, u, p)\xi_\alpha \xi_\beta \ge \lambda_0(x, u, p)|\xi|^2 \quad \forall \xi \in \mathbb{R}^m \quad (3.1.4)$$

を $\lambda_0 > 0$ に対して満たすとき，**楕円型**であると言う．$\lambda_0 > 0$ が (x, u, p) によらずに（すべての (x, u, p) に対して共通に）とれるときは**一様楕円型**であると言う．

$n \ge 2$ の場合，楕円性に対応する条件は次の二つがある．

定義 3.1.1 係数行列 $(a_{ij}^{\alpha\beta})_{1 \le i,j \le n}^{1 \le \alpha,\beta \le m}$ は，ある定数 $\lambda > 0$ が存在し，

(i) 任意の $\xi \in \mathbb{R}^{mn}$ に対して，

$$a_{ij}^{\alpha\beta} \xi_\alpha^i \xi_\beta^j \ge \lambda |\xi|^2 \quad (3.1.5)$$

を満たすとき，**ルジャンドル**[27]**条件** を満たすと言い，

(ii) 任意の $\xi \in \mathbb{R}^m$ と $\eta \in \mathbb{R}^n$ に対して，

$$a_{ij}^{\alpha\beta} \xi_\alpha \xi_\beta \eta_i \eta_j \ge \lambda |\xi|^2 |\eta|^2 \quad (3.1.6)$$

を満たすとき，**ルジャンドル–アダマール**[28]**条件**を満たすと言われる．

[27] Adrien-Marie Legendre (1752–1833). フランス革命の時代に活躍し，数学の様々な分野に多くの業績を残したフランスの数学者．ルジャンドル変換，ルジャンドルの多項式等でも名前が残っている．

[28] Jacques Hadamard (1865–1963). 様々な分野に多くの業績を残したフランスの数学者．1896年に，ド・ラ・ヴァレ・プーサンとそれぞれ独立に，素数定理を証明したことでも有名である．

以下，本書では係数行列がその変数に関して一様にルジャンドル
条件を満たす場合，すなわち，ある定数 $\lambda > 0$ に対して，

$$a_{ij}^{\alpha\beta}(x, u, \eta)\xi_\alpha^i \xi_\beta^j \geq \lambda |\xi|^2,$$
$$\forall (x, u, \eta, \xi) \in \Omega \times \mathbb{R}^n \times \mathbb{R}^{mn} \times \mathbb{R}^{mn} \qquad (3.1.7)$$

を満たす場合を扱う．

3.2 カッチョッポリの不等式

　ここでは，今後よく使うことになるカッチョッポリ[29] の不等式
を紹介する．

　まず，今後頻繁に用いることになるヤングの不等式を紹介しておく．

補題 3.2.1　a, $b > 0$ とし，p, $q > 1$ は，

$$\frac{1}{p} + \frac{1}{q} = 1$$

を満たすとする．このとき，

$$ab \leq \frac{a^p}{p} + \frac{b^q}{q} \qquad (3.2.1)$$

が成り立つ．

　この不等式より，$p = q = 2$ の場合，任意の $\varepsilon > 0$ に対して，

$$ab \leq \frac{\varepsilon}{2}a^2 + \frac{1}{2\varepsilon}b^2 \qquad (3.2.2)$$

となることも容易に導ける．

　さて，ここでは線形偏微分方程式系，

$$D_\beta\big(A_{ij}^{\alpha\beta}(x)D_\alpha u^i\big) = -f_j(x) + D_\beta F_j^\beta(x) \quad (j = 1, ..., n) \qquad (3.2.3)$$

を考えよう．ただし，$A_{ij}^{\alpha\beta}(x)$ は有界で，ルジャンドル条件を x に
関して一様に満たすとする．すなわち，

[29] Renato Caccioppoli (1904–1959). ナポリ生まれのイタリア人数学者．母はロシア人の著名な思想家・革命家であるバクーニンの娘．関数解析，変分法の分野に極めて重要な業績を残した．ピストル自殺という悲劇的最期を遂げる．彼の業績を讃えて，ナポリ・フェデリコ2世大学・数学科は彼の名を冠している．また，彼を題材とした映画 "Morte di un matematico napoletano"（直訳すると「あるナポリ人数学者の死」）もある．

ある定数 $\Lambda \geq \lambda > 0$ に対して,

$$A_{ij}^{\alpha\beta}(x)\xi_\alpha^i \xi_\beta^j \geq \lambda|\xi|^2, \quad |A_{ij}^{\alpha\beta}(x)| \leq \Lambda \qquad (3.2.4)$$

を任意の $(x,\xi) \in \Omega \times \mathbb{R}^{mn}$ で満たすとする.

　次に紹介するカッチョッポリの不等式は, 言うなればポアンカレの不等式の逆の不等式であり, これ以降の話の展開に極めて重要な役割を果たす.

定理 3.2.2（カッチョッポリの不等式）　$A_{ij}^{\alpha\beta}(x) \in L^\infty(\Omega)$ は (3.2.4) を満たしているとし, $f = (f_i) \in L^2(\Omega;\mathbb{R}^n)$, $F = (F_i^\alpha) \in L^2(\Omega,\mathbb{R}^{mn})$ と仮定する. $u \in W^{1,2}(\Omega;\mathbb{R}^n)$ を (3.2.3) の弱解, すなわち,

$$\int_\Omega A_{ij}^{\alpha\beta}(x)D_\alpha u^i(x)D_\beta\varphi^j(x)dx$$
$$= \int_\Omega \{f_j(x)\varphi^j(x) + F_j^\beta(x)D_\beta\varphi^j(x)\}dx \qquad (3.2.5)$$

を任意の $\varphi \in C_0^\infty(\Omega;\mathbb{R}^n)$ に対して満たしているとする. このとき, ある定数 $C(m,\lambda,\Lambda)$ が存在して, 次の不等式が任意の $B(y,R) \subset \Omega$, $0 < r < R$ と $b \in \mathbb{R}^n$ に対して成り立つ.

$$\int_{B(y,r)} |Du|^2 dx$$
$$\leq C(m,n,\lambda,\Lambda)\Big\{\frac{1}{(R-r)^2}\int_{B(y,R)} |u-b|^2 dx$$
$$+ (R-r)^2\int_{B(y,R)} |f|^2 dx + \int_{B(y,R)} |F|^2 dx\Big\} \qquad (3.2.6)$$

証明　まず, 任意の $\varphi \in W_0^{1,2}(\Omega;\mathbb{R}^n)$ に対して, $W_0^{1,2}(\Omega;\mathbb{R}^n)$ において $\varphi_k \to \varphi$ となる列 $\{\varphi_k\} \in C_0^\infty(\Omega;\mathbb{R}^n)$ をとることにより, (3.2.5) は任意の $\varphi \in W_0^{1,2}(\Omega;\mathbb{R}^n)$ に対して成り立つことに注意しておく[30].

　$\eta \in C_0^\infty(B(y,R))$ を,

$$\eta(x) = 1 \ (x \in B(y,r)), \quad 1 \geq \eta \geq 0, \quad |D\eta| \leq \frac{2}{R-r} \qquad (3.2.7)$$

となるように選び, 任意に $b \in \mathbb{R}^n$ をとり, $\varphi = (u-b)\eta^2$ とおく.

[30] この論法は今後も頻繁に, 説明なしで用いる. すなわち, 弱解の定義においてはテスト関数は C_0^∞ の元であるが, $W_0^{k,p}(\Omega)$ といったソボレフ空間の元をテスト関数として用いる.

supp $\eta \subset B(y,R) \subset \Omega$ であることと，$u \in W^{1,2}$ であることより，$(u-b)\eta^2 \in W_0^{1,2}(\Omega;\mathbb{R}^n)$ となる．したがって，上で注意したことより，(3.2.5) のテスト関数としてこの $\varphi = (u-b)\eta^2$ を採用することができる．実際に代入して計算すると，

$$
\begin{aligned}
\int_{B(y,R)} & \big\{ A_{ij}^{\alpha\beta} D_\alpha u^i D_\beta u^j \cdot \eta^2 \\
& + 2A_{ij}^{\alpha\beta} D_\alpha u^i \cdot (u^j - b^j)\eta D_\beta\eta \big\} dx \\
= \int_{B(y,R)} & \big\{ f_j(u^j - b^j)\eta^2 + F_j^\beta D_\beta u^j \cdot \eta^2 \\
& + 2F_j^\beta(u^j - b^j)\eta D_\beta\eta \big\} dx
\end{aligned}
\tag{3.2.8}
$$

となる．まず，左辺第 1 項は (3.2.4) より，

$$
\lambda \int_{B(y,R)} |Du|^2\eta^2 dx \leq \int_{B(y,R)} A_{ij}^{\alpha\beta} D_\alpha u^i D_\beta u^j \cdot \eta^2
\tag{3.2.9}
$$

と，下から評価できる．左辺第 2 項は (3.2.4) の第 2 式，シュワルツの不等式とヤングの不等式 (3.2.2) を用いることにより，ある定数 $c_0(m,n,\Lambda) > 0$ が存在して，任意の $\varepsilon > 0$ に対して，

$$
\begin{aligned}
& \left| 2\int_{B(y,R)} A_{ij}^{\alpha\beta} D_\alpha u^i \cdot (u^j - b^j)\eta D_\beta\eta dx \right| \\
& \leq \int_{B(y,R)} \varepsilon |Du|^2\eta^2 dx + \int_{B(y,R)} \frac{c_0(m,n,\Lambda)}{\varepsilon}|u-b|^2|D\eta|^2 dx
\end{aligned}
\tag{3.2.10}
$$

と評価できる．右辺の各項については，やはりシュワルツの不等式とヤングの不等式 (3.2.2) を用いて，それぞれ，

$$
\begin{aligned}
& \left| \int_{B(y,R)} f_j(u^j - b^j)\eta^2 dx \right| \\
& = \left| \int_{B(y,R)} (R-r)f_j \cdot (R-r)^{-1}(u^j - b^j)\eta^2 dx \right| \\
& \leq (R-r)^2 \int_{B(y,R)} |f|^2\eta^2 dx \\
& \quad + \frac{1}{(R-r)^2} \int_{B(y,R)} |u-b|^2 dx
\end{aligned}
\tag{3.2.11}
$$

3.2 カッチョッポリの不等式

$$\left| \int_{B(y,R)} F_j^\beta D_\beta u^j \eta^2 dx \right|$$
$$\leq \varepsilon \int_{B(y,R)} |Du|^2 \eta^2 dx + \frac{1}{\varepsilon} \int_{B(y,R)} |F|^2 \eta^2 dx \qquad (3.2.12)$$

$$2\left| \int_{B(y,R)} F_j^\beta (u^j - b^j) \eta D_\beta \eta \, dx \right|$$
$$\leq \int_{B(y,R)} |u - b|^2 |D\eta|^2 dx + \int_{B(y,R)} |F|^2 \eta^2 dx \qquad (3.2.13)$$

と評価できる. なお, (3.2.11) と (3.2.13) では (3.2.2) を $\varepsilon = 1$ として用いた.

さて, (3.2.8) の各項を (3.2.9)–(3.2.13) を用いて評価し, $|Du|^2$ を含む項を左辺に, 残りの項を右辺にまとめ, さらに $|D\eta| \leq 2/(R-r)$, $0 \leq \eta \leq 1$ であることを用いると,

$$(\lambda - 2\varepsilon) \int_{B(y,R)} |Du|^2 \eta^2 dx$$
$$\leq \left(\frac{4c_0(m,n,\Lambda)}{\varepsilon} + 1 \right) \frac{1}{(R-r)^2} \int_{B(y,R)} |u - b|^2 dx$$
$$+ (R-r)^2 \int_{B(y,R)} |f|^2 dx + \left(\frac{1}{\varepsilon} + 1 \right) \int_{B(y,R)} |F| dx$$
$$(3.2.14)$$

を得る. また, $\varepsilon = \lambda/4$ ととり, $B(y,r)$ 上で $\eta \equiv 1$ としていたことを思い出すと, 左辺は,

$$\frac{\lambda}{2} \int_{B(y,r)} |Du|^2 dx \leq (\lambda - 2\varepsilon) \int_{B(y,R)} |Du|^2 \eta^2 dx \qquad (3.2.15)$$

と下から評価できる. (3.2.14) と (3.2.15) より, (3.2.6) を得る. $\quad \square$

注意 3.2.3 定理 3.2.2 と同じ仮定の下で, 任意の $\Omega' \Subset \Omega$ をとって, $0 < h_0 < \mathrm{dist}(\Omega', \partial\Omega)$ となる h_0 を選ぶ. 定理 3.2.2 の証明で用いた $\eta \in C_0^\infty(\Omega)$ として,

$$\eta(x) = 1 \ (x \in \Omega'), \quad 1 \geq \eta \geq 0, \ |D\eta| < \frac{2}{h_0}$$

となるものを選んで証明をたどると,

$$\int_{\Omega'} |Du|^2 dx$$

$$\leq \ C(m, \lambda, \Lambda) \Big\{ \frac{1}{h_0^2} \int_\Omega |u - b|^2 dx$$

$$+ h_0^2 \int_\Omega |f|^2 dx + \int_\Omega |F|^2 dx \Big\} \qquad (3.2.16)$$

を得る．「カッチョッポリの不等式」と言うと普通は (3.2.6) を指す が，(3.2.16) もしばしば用いる．

線形方程式の弱解に対しては，このカッチョッポリの不等式とソ ボレフの埋蔵定理を用いて，正則性を得ることができる．

3.3 差分商による方法

この節では，線形偏微分方程式系 (3.2.3) の弱解の正則性が，カッ チョッポリの不等式とソボレフの埋蔵定理から得られることを示す． 用いる方法は **difference quotient method** と呼ばれるもので あるが，適当な日本語訳が見つからない．"difference quotient" は 「差分商」であるので，直訳すれば**差分商法**となるが，「○○ 商法」 となってしまうと何やら別のものを連想させてしまいそうなので， 本書では「差分商による方法」と呼ぶことにする．

一般に偏微分方程式の弱解 u が古典解であることを示すためには，u がその方程式の階数だけ「古典的な」意味で偏微分可能であることを示 せばよい．本書で主に扱うのは 2 階の方程式なので，$u \in C^2(\Omega; \mathbb{R}^n)$ であることを示せばよい．

さて，これまに紹介した定理のうち，ソボレフ関数の微分可能性 を示すために使えるものは，ソボレフの埋蔵定理のみである．十分 大きな $k \in \mathbb{N}$ に対して $u \in W^{k,2}$ であることを示せば，定理 1.3.19 より，$u \in C^2$ が得られる．すなわち，弱い意味での微分可能性を十 分に上げていけばよいわけである．そのためにはどうするか？

まず，証明の大まかな方針を説明するために，係数行列 $A_{ij}^{\alpha\beta}$ が 定数の場合を考えてみよう．$A_{ij}^{\alpha\beta}$ は (3.2.4) を満たしているとする． この $A_{ij}^{\alpha\beta}$ を係数とする最も簡単な方程式系，

$$D_\beta \big(A_{ij}^{\alpha\beta} D_\alpha u^i \big) = 0 \quad (j = 1, ..., n) \qquad (3.3.1)$$

を考えよう. $u \in W^{1,2}(\Omega; \mathbb{R}^n)$ がこの方程式の弱解, すなわち,

$$\int_\Omega A_{ij}^{\alpha\beta} D_\alpha u^i D_\beta \varphi^j dx = 0 \qquad (3.3.2)$$

を任意の $\varphi \in C_0^\infty(\Omega; \mathbb{R}^n)$ に対して満たすとして, とりあえず, 弱微分可能性を 1 階分上げて, $u \in W^{2,2}$ となることを示す方法を考えてみよう.

弱解の正則性を得るために, よく試してみられる方法として,「微分方程式全体を微分し, Du の方程式として見直してみる」方法がある. この「微分方程式を微分する」ということは, (3.3.2) のような「弱い形」のもに対しては, テスト関数 φ を $D_\gamma \varphi$ ($\gamma = 1, ..., m$) で置き換えて部分積分することに対応する.

$$\begin{aligned}
0 &= \int_\Omega A_{ij}^{\alpha\beta} D_\alpha u^i D_\beta D_\gamma \varphi^j dx = \int_\Omega A_{ij}^{\alpha\beta} D_\alpha u^i D_\gamma D_\beta \varphi^j dx \\
&= -\int_\Omega A_{ij}^{\alpha\beta} D_\gamma D_\alpha u^i D_\beta \varphi^j dx = -\int_\Omega A_{ij}^{\alpha\beta} D_\alpha D_\gamma u^i D_\beta \varphi^j dx
\end{aligned}$$

これを $D_\gamma u^i$ に対する方程式系と見て, 注意 3.2.3 のように Ω' と h_0 をとり, カッチョッポリの不等式 (3.2.16) を用いて, γ に関して和をとれば,

$$\int_{\Omega'} |D^2 u|^2 dx \le C(\lambda, \Lambda, m) \frac{1}{h_0^2} \int_\Omega |Du|^2 dx \qquad (3.3.3)$$

を得る. 一方, $u \in W^{1,2}(\Omega)$ は仮定されているので, 右辺は有限値となり, この評価より, $D^2 u \in L^2(\Omega')$ であることが導かれる.

しかし, 以上の計算ではそもそも弱微分 $D^2 u$ の存在を仮定して話を進めていた. したがって, $D^2 u$ の存在を仮定しないで, $D^2 u$ の存在と, (3.3.3) と同様の評価を得なければならない.

ここで,「古典的な」偏微分の定義を思い出そう.

$$\frac{u(x + he^\gamma) - u(x)}{h} \qquad (3.3.4)$$

が $h \to 0$ としたとき収束すれば偏微分可能で, この極限値が偏微分係数であった. 弱微分も「微分」と呼ぶからには, この定義と関係があってもよさそうであり, 特に, (3.3.4) が L^p で有界なら (バナッハ・アラオグルーの定理の系 1.2.15 より弱収束する部分列を持つので) 弱微分を持つであろうと考えるのは自然である. 実際, そ

056 ▶ 3 弱解の正則性 — 線形の場合

れが成り立つことを以下に示す.

まず, 記号をいくつか定義しておこう.

定義 3.3.1 $u(x)$ を Ω 上で定義された関数, $h \in \mathbb{R} \setminus \{0\}$ とする. また, $\gamma \in \{1,,...,m\}$ に対して, e_γ を x^γ-軸方向の単位ベクトルとする.

$$\Delta_{\gamma,h} u(x) := u(x + he^\gamma) - u(x), \qquad (3.3.5)$$

$$\tau_{\gamma,h} u(x) := \frac{1}{h} \Delta_\gamma u(x) \qquad (3.3.6)$$

とおき, $\tau_{\gamma,h} u(x)$ を x^γ に関する u の差分商と呼ぶ.

以下において, 話の前後から γ が明らかである場合等では γ を略して, 単に Δ_h, τ_h と略記する.

u の定義域を Ω としているので, $\tau_{h,\gamma} u$ は,

$$\Delta_{\gamma,h} \Omega := \{x \in \mathbb{R}^m \; ; \; x + he_\gamma \in \Omega\}$$

で定義される. したがって, $\Omega' \Subset \Omega$ に対して, $0 < h_0 < \mathrm{dist}(\Omega', \partial\Omega)$ となる h_0 をとると, $|h| < h_0$ に対して, $\tau_{\gamma,h} u$ は Ω' 上で定義できる.

$\Omega' \Subset \Omega$, $0 < h_0 < \mathrm{dist}(\Omega', \Omega)$ とする. 差分商に関して次の性質は, 容易に確かめられる.

(i) $u \in W^{1,p}(\Omega)$ に対して, 任意の $\gamma \in \{1,...,m\}$ と $h \in (-h_0, h_0) \setminus \{0\}$ 対して, $\tau_{\gamma,h} u \in W^{1,p}(\Omega')$ であり,

$$D_\alpha(\tau_{\gamma,h} u)(x) = \tau_{\gamma,h}(D_\alpha u)(x). \qquad (3.3.7)$$

(ii) $\mathrm{supp}(uv) \subset \Omega'$ ならば, $h \in (-h_0, h_0)$ に対して,

$$\int_\Omega u\tau_{\gamma,h} v dx = -\int_\Omega v\tau_{\gamma,-h} u dx \qquad (3.3.8)$$

が成り立つ.

(iii) 各点 $x \in \Omega'$ において,

$$\tau_{\gamma,h}(uv) = u(x + he^\gamma)\tau_{\gamma,h} v(x) + v(x)\tau_{\gamma,h} u(x) \qquad (3.3.9)$$

が成り立つ.

3.3 差分商による方法 ◂ *057*

さて，差分商と弱微分を結びつける重要な補題を述べる．

補題 3.3.2　$1 < p < +\infty$，$\Omega' \Subset \Omega$ とし，$h_0 := \mathrm{dist}(\Omega', \partial\Omega)$ とおく．

(i) $u \in W^{1,p}(\Omega)$ とする．すべての $\gamma \in \{1, ..., m\}$ と $h \in (-h_0, h_0)$ に対して，$\tau_{\gamma,h}u \in L^p(\Omega')$ であり，

$$\|\tau_{\gamma,h}u\|_{L^p(\Omega')} \le \|D_\gamma u\|_{L^p(\Omega)} \tag{3.3.10}$$

が成り立つ．

(ii) $u \in L^p(\Omega)$ がある定数 $L \ge 0$ に対して，

$$\|\tau_{\gamma,h}u\|_{L^p(\Omega')} \le L \tag{3.3.11}$$

を，任意の $h \in (-h_0, h_0)$ と $\gamma \in \{1, ..., m\}$ に対して満たすとする．このとき，$u \in W^{1,p}(\Omega')$ となり，$\|Du\|_{L^p(\Omega')} \le L$ となる．さらに，任意の $D \Subset \Omega'$ に対して，$L^p(D)$ において，$\tau_{\gamma,h}u$ は $D_\gamma u$ に強収束する．

証明　(i) まず，$u \in C^1$ の場合に対して示す．微積分学の基本定理[31]より，

$$u(x + he_\gamma) - u(x) = \int_0^h \frac{d}{dt}u(x + te_\gamma)dt$$

$$= \int_0^h \frac{\partial}{\partial x^\gamma}u(x + te_\gamma)dt$$

となるので，$1/h$ をかけてノルムをとり，p 乗して Ω' で積分すると，

$$\|\tau_{\gamma,h}u\|_{L^p(\Omega')}^p = \int_{\Omega'} \left| \frac{1}{h}\int_0^h \frac{\partial}{\partial x^\gamma}u(x + te_\gamma)dt \right|^p dx$$

$$\le \int_{\Omega'} \left(\frac{1}{h}\int_0^h |Du(x + te_\gamma)|^p dt \right) dx$$

$$\le \frac{1}{h}\int_0^h \left(\sup_{0 \le t \le h}\int_{\Omega'} |Du(x + te_\gamma)|^p dx \right) dt$$

$$\le \frac{1}{h}\int_0^h \left(\int_\Omega |Du(x)|^p dx \right) dt$$

[31] 微分して積分すると，定数の差を除いて，元に戻るという定理．

058 ▶ **3**　弱解の正則性 ── 線形の場合

$$= \|Du\|_{L^p(\Omega)}^p$$

となり，(3.3.10) を得る．なお，上の計算において 2 行目の不等式はヘルダーの不等式による．

$u \in C^1$ として証明したので，この条件を外そう．一般の $u \in W^{1,p}(\Omega)$ に対しては，定理 1.3.10 より，関数列 $\{u_k\} \subset C^1(\Omega)$ で $W^{1,p}(\Omega)$ において $u_k \to u$ となるものがとれる．以上で示したことより，各 u_k に対しては (3.3.10) が成立するので，

$$\|\tau_{\gamma,h} u_k\|_{L^p(\Omega')} \leq \|D_\gamma u_k\|_{L^p(\Omega)}$$

となる．強収束に関してノルムが連続であることより，$k \to \infty$ とすれば，u に対する (3.3.10) を得る．

(ii) (3.3.11) を仮定する．$1 < p < +\infty$ としているので，系 1.2.15 より，ある適当な数列 $h_k \to 0 \ (k \to \infty)$ を選ぶことにより，ある $v_\gamma \in L^p(\Omega')$ に対して，$L^p(\Omega')$ において，

$$\tau_{\gamma,h_k} u \rightharpoonup v_\gamma$$

となる．また，ノルムは弱収束に関して下半連続であるから，$\|v_\gamma\|_{L^p(\Omega')} \leq L$ である．これより，任意の $\varphi \in C_0^\infty(\Omega')$ に対して，

$$\int_{\Omega'} v_\gamma \varphi dx = \lim_{k \to \infty} \int_{\Omega'} \tau_{\gamma,h_k} u(x) \varphi(x) dx$$

$$= \lim_{k \to \infty} \int_\Omega \tau_{\gamma,h_k} u(x) \varphi(x) dx = -\lim_{k \to \infty} \int_\Omega u(x) \tau_{\gamma,h_k} \varphi(x) dx$$

$$= \int_\Omega u(x) D_\gamma \varphi(x) dx = \int_{\Omega'} u(x) D_\gamma \varphi(x) dx \tag{3.3.12}$$

となる．なお，2 番目と最後の等号は $\operatorname{supp} \varphi \subset \Omega'$ であることより，また，4 番目の等号は，$\varphi \in C_0^\infty(\Omega')$ としているので，Ω' 上一様に $\tau_{\gamma,h_k} \varphi(x)$ が $D_\gamma \varphi$ に収束することより得られる．この (3.3.12) は $u \in W^{1,p}(\Omega')$ で，$D_\gamma u = v_\gamma \in L^p(\Omega')$ であることを示している．

最後に，$\tau_{\gamma,h} u$ が $D_\gamma u (= v_\gamma)$ に $L^p(D)$ で強収束することを示そう．任意の $w \in C^\infty(\Omega')$ に対して，

$$\tau_{\gamma,h} u - D_\gamma u = \tau_{\gamma,h}(u - w) + (\tau_{\gamma,h} w - D_\gamma w) + (D_\gamma w - D_\gamma u)$$

が成り立つので，この両辺を D 上で積分し，右辺第 1 項に (3.3.10)

を，Ω と Ω' をそれぞれ Ω' と D に置き換えて用いると，$|h|$ が十分小さければ，

$$\|\tau_{\gamma,h}u - D_\gamma u\|_{L^p(D)} \leq \|\tau_{\gamma,h}w - D_\gamma w\|_{L^p(D)} + 2\|D_\gamma w - D_\gamma u\|_{L^p(\Omega')}$$

を得る．

$W^{1,p}(\Omega')$ において $C^\infty(\Omega')$ が稠密なので，任意の $\varepsilon > 0$ に対して，右辺第 2 項が $\varepsilon/2$ より小さくなる $w \in C^\infty(\Omega')$ を選ぶことができる．また，$w \in C^\infty(\Omega')$ であることより，$\tau_{\gamma,h}w$ は D 上で $D_\gamma w$ に一様収束する．したがって，$|h| > 0$ を十分小さくとれば右辺第 1 項はやはり $\varepsilon/2$ より小さくできる．以上より，$|h| > 0$ が十分小さければ，$\|\tau_{\gamma,h}u - D_\gamma u\|_{L^p(D)} \leq \varepsilon$ となることが言える．これは $L^p(D)$ において，$\tau_{\gamma,h}u$ が $D_\gamma u$ に強収束することに他ならない． □

さて，大分準備が進んだところで，今後展開する正則性の話の第一歩となる線形方程式系 (3.2.3) の弱解の正則性に関する結果を述べる．

定理 3.3.3 $A_{ij}^{\alpha\beta}(x) \in C^{0,1}(\Omega, \mathbb{R}^{mn})$ が (3.2.4) を満たすとし，$f(x) = (f_i(x)) \in L^2(\Omega; \mathbb{R}^n)$，$F(x) = (F_i^\alpha(x)) \in W^{1,2}(\Omega, \mathbb{R}^{mn})$ と仮定する．$u \in W^{1,2}(\Omega; \mathbb{R}^n)$ を (3.2.3) の弱解，すなわち，

$$\int_\Omega A_{ij}^{\alpha\beta}(x) D_\alpha u^i(x) D_\beta \varphi^j(x) dx$$
$$= \int_\Omega \{f_j(x)\varphi^j(x) + F_j^\beta(x) D_\beta \varphi^j(x)\} dx \tag{3.3.13}$$

を任意の $\varphi \in C_0^\infty(\Omega; \mathbb{R}^n)$ に対して満たしているとする．このとき，$u \in W_{\mathrm{loc}}^{2,2}(\Omega; \mathbb{R}^n)$ となる．

証明 $\Omega_0 \Subset \Omega$ を任意にとる．$0 < 3h_0 < \mathrm{dist}(\Omega_0, \partial\Omega)$ となる h_0 をとり，$\Omega_0 \Subset \Omega_1 \Subset \Omega$ かつ $\mathrm{dist}(\Omega_0, \partial\Omega_1)$，$\mathrm{dist}(\Omega_1, \partial\Omega) > h_0$ となる Ω_1 を選んでおく（図 3.1）．

また，定理 3.2.2 の証明の冒頭部分で述べたように，テスト関数として，$\varphi \in W_0^{1,2}(\Omega; \mathbb{R}^n)$ がとれることに注意しておく．

$\varphi \in W_0^{1,2}(\Omega; \mathbb{R}^n)$ で $\mathrm{supp}\,\varphi \subset \Omega_1$ となるものをとる．$\gamma \in \{1, ..., m\}$ を一つ選び，$h \in (-h_0, h_0) \setminus \{0\}$ としておく．$\varphi_h(x) := \varphi(x - he_\gamma)$ とおくと，Ω_1 と h_0 のとり方より，$\mathrm{supp}\,\varphi_h \subset \Omega$ とな

060 ▶ 3 弱解の正則性 — 線形の場合

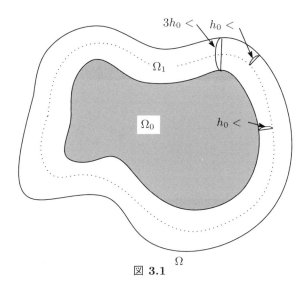

図 3.1

り，φ_h をテスト関数とすることもできる．積分領域を supp φ_h を含む $\Delta_{\gamma,-h}\Omega_1$ としてよいことに注意して，あえて積分変数を y と書けば，

$$\int_{\Delta_{\gamma,-h}\Omega_1} A_{ij}^{\alpha\beta}(y)D_\alpha u^i(y)D_\beta\varphi^j(y-he_\gamma)dy$$
$$= \int_{\Delta_{\gamma,-h}\Omega_1} \{f_j(y)\varphi^j(y-he_\gamma) + F_j^\beta(y)D_\beta\varphi^j(y-he_\gamma)\}dy$$

を得る．さらに，$x = y - he_\gamma$ と変数変換すると，

$$\int_{\Omega_1} A_{ij}^{\alpha\beta}(x+he_\gamma)D_\alpha u^i(x+he_\gamma)D_\beta\varphi^j(x)dx$$
$$= \int_{\Omega_1} \{f_j(x+he_\gamma)\varphi^j(x)$$
$$+ F_j^\beta(x+he_\gamma)D_\beta\varphi^j(x)\}dx \qquad (3.3.14)$$

となる．(3.3.14) から (3.3.13)（で積分領域を Ω_1 としたもの）を引き，両辺を h で割ると，

$$\int_{\Omega_1} A_{ij}^{\alpha\beta}(x+he_\gamma)\tau_{\gamma,h}D_\alpha u^i(x)D_\beta\varphi^j(x)dx$$
$$+ \int_{\Omega_1} \tau_{\gamma,h}A_{ij}^{\alpha\beta}(x)D_\alpha u^i D_\beta\varphi^j(x)dx$$
$$= \int_{\Omega_1} \tau_{\gamma,h}f_j(x)\varphi^j(x)dx + \int_{\Omega_1} \tau_{\gamma,h}F_j^\beta(x)D_\beta\varphi^j(x)dx \quad (3.3.15)$$

となる．左辺第1項の $\tau_{\gamma,h}D_\alpha u^i(x)$ は $D_\alpha\big(\tau_{\gamma,h}u^i\big)(x)$ と等しいので，

$$\int_{\Omega_1} A_{ij}^{\alpha\beta}(x+he_\gamma)D_\alpha\big(\tau_{\gamma,h}u^i\big)(x)D_\beta\varphi^j(x)dx$$
$$= -\int_{\Omega_1} \tau_{\gamma,h}A_{ij}^{\alpha\beta}(x)D_\alpha u^i D_\beta\varphi^j(x)dx$$
$$+ \int_{\Omega_1} \tau_{\gamma,h}f_j(x)\varphi^j(x)dx + \int_{\Omega_1} \tau_{\gamma,h}F_j^{\beta}(x)D_\beta\varphi^j(x)dx$$

$$(3.3.16)$$

を得る．ここまで来れば，Du も既知関数とみなし，上の方程式を $\tau_{\gamma,h}u$ に対する方程式とみなして，カッチョッポリの不等式を用いれば DDu の L^2-評価が得られ，$u\in W^{2,2}$ となりそうだが，そうはいかない．なぜなら，

$$h_0^2\int_{\Omega_1}|\tau_{\gamma,h}f|^2dx$$

という項が現れてしまい，$f\in L^2$ しか仮定していないので，この積分は有界とは限らない．もちろん $f\in W^{1,2}$ と仮定しておけば，これでもよいのだが，以下のようにもうひと頑張りすると，$f\in L^2$ の仮定の下で証明できる．

問題となるのは，$\tau_{\gamma,h}f$ を含む項であるが，(3.3.16) において，

$$\int_{\Omega_1} \tau_{\gamma,h}f_j(x)\varphi^j(x)dx = -\int_{\Omega} f_j(x)\tau_{\gamma,-h}\varphi^j(x)dx \qquad (3.3.17)$$

と変形し，テスト関数 φ を，$\eta\in C_0^\infty(\Omega_1)$ に対して，$\varphi=\eta^2\tau_{\gamma,h}u$ とおくと，

$$\int_{\Omega_1} A_{ij}^{\alpha\beta}(x+he_\gamma)D_\alpha\big(\tau_{\gamma,h}u^i\big)(x)D_\beta\big(\eta^2\tau_{\gamma,h}u^j(x)\big)dx$$
$$= -\int_{\Omega_1} \tau_{\gamma,h}A_{ij}^{\alpha\beta}(x)D_\alpha u^i D_\beta\big(\eta^2\tau_{\gamma,h}u^j(x)\big)dx$$
$$- \int_{\Omega_1} f_j(x)\tau_{\gamma,-h}\big(\eta^2\tau_{\gamma,h}u^j(x)\big)dx$$
$$+ \int_{\Omega_1} \tau_{\gamma,h}F_j^\beta(x)D_\beta\big(\eta^2\tau_{\gamma,h}u^j(x)\big)dx$$

となる．これより，

$$\int_{\Omega_1} A_{ij}^{\alpha\beta}(x + he_\gamma) D_\alpha(\tau_{\gamma,h} u^i) D_\beta(\tau_{\gamma,h} u^j) \cdot \eta^2 dx$$

$$= -2 \int_{\Omega_1} A_{ij}^{\alpha\beta}(x + he_\gamma) D_\alpha(\tau_{\gamma,h} u^i)(\tau_{\gamma,h} u^j) \eta D_\beta \eta dx$$

$$- \int_{\Omega_1} \tau_{\gamma,h} A_{ij}^{\alpha\beta} D_\alpha u^i D_\beta(\tau_{\gamma,h} u^j) \cdot \eta^2 dx$$

$$- 2 \int_{\Omega_1} \tau_{\gamma,h} A_{ij}^{\alpha\beta} D_\alpha u^i (\tau_{\gamma,h} u^j) \eta D_\beta \eta dx$$

$$+ \int_{\Omega_1} \tau_{\gamma,h} F_j^\beta D_\beta(\tau_{\gamma,h} u^j) \cdot \eta^2 dx$$

$$+ 2 \int_{\Omega_1} \tau_{\gamma,h} F_j^\beta (\tau_{\gamma,h} u^j) \eta D_\beta \eta dx$$

$$- \int_{\Omega_1} f_j \tau_{\gamma,-h}(\eta^2 \tau_{\gamma,h} u^j) dx \qquad (3.3.18)$$

となる．ここで，独立変数が $x + he_\gamma$ となっているものについてだけそれを書き，(x) はすべて省略した．

最後の項以外の項は，カッチョッポリの不等式の証明と同様に，シュワルツの不等式，ヤングの不等式 (3.2.2) を用いて評価し，さらに仮定 $A = (A_{ij}^{\alpha\beta}) \in C^{0,1}$ より，ある定数 $L_A > 0$ に対して $|\tau_{\gamma,h} A| \leq L_A$ となることに注意すると，次の評価式が得られる．

$$\int_{\Omega_1} |\tau_{\gamma,h} Du|^2 \eta^2 dx$$

$$\leq c(m, n, \lambda, \Lambda) \Big\{ \Big(\frac{1}{h_0^2} + L_A \Big) \int_\Omega |Du|^2 dx$$

$$+ \int_\Omega |DF|^2 dx + \Big| \int_{\Omega_1} f_j \tau_{\gamma,-h}(\eta^2 \tau_{\gamma,h} u^j) dx \Big| \Big\}. \quad (3.3.19)$$

さて，いよいよ問題の右辺の第 3 項を評価しよう．まず，$\tau_{\gamma,h}$ の性質より，

$$\int_\Omega f_j(x) \tau_{\gamma,-h}(\eta^2 \tau_{\gamma,h} u^j)(x) dx$$

$$= \int_\Omega f_j(x) \eta(x) \cdot \tau_{\gamma,-h} \eta(x) \cdot \tau_{\gamma,h} u^j(x) dx$$

$$+ \int_\Omega f(x) \eta(x - he_\gamma) \cdot \tau_{\gamma,-h}(\eta \tau_{\gamma,h} u^j)(x) dx$$

$$=: I + II \qquad (3.3.20)$$

3.3 差分商による方法 ◂ *063*

となる．この第2項 II は，積分領域を $\Delta_{\gamma,-h}\Omega_1$ としてよいことに
注意し，補題 3.3.2 とヤングの不等式を用いて，

$$
\begin{aligned}
II \leq{} & \frac{\varepsilon}{2}\int_{\Delta_{\gamma,-h}\Omega_1}|\tau_{\gamma,-h}\big(\eta^2\cdot\tau_{\gamma,h}u\big)|^2dx \\
& + \frac{1}{2\varepsilon}\int_{\Delta_{\gamma,-h}\Omega_1}|\eta(x-he_\gamma)f|^2dx \\
\leq{} & \frac{\varepsilon}{2}\int_\Omega|D\big(\eta^2\cdot\tau_{\gamma,h}u\big)|^2dx+\frac{1}{2\varepsilon}\int_\Omega|f|^2dx \\
\leq{} & \varepsilon\int_\Omega\big(\eta^2|D\tau_{\gamma,h}u|^2+|2\eta D\eta\cdot\tau_{\gamma,h}u|^2\big)dx+\frac{1}{2\varepsilon}\int_\Omega|f|^2dx
\end{aligned}
$$

と評価できる．ここで，$\eta\in C^\infty(\Omega_1)$ を注意 3.2.3 のように，Ω_0 上
で $\eta\equiv 1$，$0\leq\eta\leq 1$，$|D\eta|\leq 2/h_0$ となるように選ぶと，上の評価
より，

$$
II\leq\varepsilon\int_\Omega\eta^2|D\tau_{\gamma,h}u|^2dx+\frac{\varepsilon}{h_0^2}\int_\Omega|Du|^2dx+\frac{1}{2\varepsilon}\int_\Omega|f|^2dx
\tag{3.3.21}
$$

を得る．

一方，平均値の定理より $|\tau_{\gamma,-h}\eta|\leq\sup|D\eta|\leq 2/h_0$ となること
も分かり，また，積分領域を $\Omega_1\supset\mathrm{supp}\,\eta$ としてよいことにも注意
して，ヤングの不等式と補題 3.3.2 を用いると，

$$
\begin{aligned}
I \leq{} & \int_{\Omega_1}|f|^2dx+\frac{1}{h_0^2}\int_{\Omega_1}|\tau_{\gamma,h}u|^2dx \\
\leq{} & \int_\Omega|f|^2dx+\frac{1}{h_0^2}\int_\Omega|Du|^2dx
\end{aligned}
\tag{3.3.22}
$$

となる．以上より，f_j を含む項は，

$$
\begin{aligned}
& \int_{\Omega_1}\tau_{\gamma,h}f_j(x)\varphi^j(x)dx \\
\leq{} & \Big(\frac{1}{2\varepsilon}+1\Big)\int_\Omega|f|^2+\frac{1+\varepsilon}{h_0^2}\int_\Omega|Du|^2dx \\
& + \varepsilon\int_\Omega\eta^2|D\tau_{\gamma,h}u|^2dx
\end{aligned}
\tag{3.3.23}
$$

と評価できる．

(3.3.19) に (3.3.23) 代入し $\varepsilon>0$ を十分小さくとって，$|D\tau_{\gamma,h}u|^2$
を含む項を左辺に移項し，さらに，h_0 を十分小さくとって $L_A<1/h_0$

としておけば，

$$\int_{\Omega_0} |D\tau_{\gamma,h} u|^2 dx$$

$$\leq C\Big\{ \Big(\frac{1}{h_0^2} \int_\Omega |Du|^2 dx + \int_\Omega |f|^2 dx + \int_\Omega |DF|^2 dx \Big\} \qquad (3.3.24)$$

を得る．右辺に現れる項はすべて有界なので，$D^2 u \in L^2(\Omega_0, \mathbb{R}^{m^2 n})$，すなわち $u \in W^{2,2}(\Omega_0, \mathbb{R}^n)$ となる． □

A, f, F が十分に微分可能なとき，この定理は次のように繰り返し用いることができる：$u \in W^{2,2}(\Omega_0, \mathbb{R}^n)$ であることが分かったので，(3.3.13) において $\varphi = D_\gamma \psi$（$\psi \in C_0^\infty(\Omega_0)$）とおいて，部分積分により，$D_\gamma$ を移すことが可能である．すなわち，

$$-\int_{\Omega_0} A_{ij}^{\alpha\beta}(x) D_\alpha u^i(x) D_\beta D_\gamma \psi^j(x) dx$$

$$= \int_{\Omega_0} \big\{ f_j(x) D_\gamma \psi^j(x) + F_j^\beta(x) D_\beta D_\gamma \psi^j(x) \big\} dx$$

として，部分積分により，左辺と右辺第 1 項の D_γ を移すと，

$$\int_{\Omega_0} D_\gamma \big(A_{ij}^{\alpha\beta}(x) D_\alpha u^i(x) \big) D_\beta \psi^j(x) dx$$

$$= \int_{\Omega_0} f_j(x) D_\gamma \psi^j(x) dx - \int_{\Omega_0} D_\gamma F_j^\beta(x) D_\beta \psi^j(x) \} dx$$

となる．これより，

$$\int_{\Omega_0} A_{ij}^{\alpha\beta}(x) D_\alpha D_\gamma u^i(x) D_\beta \psi^j(x) dx$$

$$= -\int_{\Omega_0} D_\gamma A_{ij}^{\alpha\beta}(x) \cdot D_\alpha u^i D_\beta \psi^j dx + \int_{\Omega_0} f_j(x) D_\gamma \psi^j(x) dx$$

$$- \int_{\Omega_0} D_\gamma F_j^\beta(x) D_\beta \psi^j(x) \} dx$$

$$= -\int_{\Omega_0} \big[D_\gamma A_{ij}^{\alpha\beta}(x) \cdot D_\alpha u^i - f_j(x) + D_\gamma F_j^\beta(x) \big] D_\beta \psi^j(x) dx$$

を得る．ここで，$A \in C^1$，$f \in W^{1,2}$，$F \in W^{2,2}$ と仮定すると，右辺の [ ] 内はすべて $W^{1,2}(\Omega_0)$ に属すので，定理 3.3.3 の証明を，u の代わりに，$D_\gamma u$ に対して繰り返すことができ，任意の $D \Subset \Omega_0$ に対して，$D_\gamma u \in W^{2,2}(D)$ となり，$u \in W^{3,2}_{\text{loc}}(\Omega)$ が得られる．これ

3.3 差分商による方法 ◀ *065*

を繰り返せば，次の定理を得る．

定理 3.3.4 $k \in \mathbb{N}$ に対し，$A_{ij}^{\alpha\beta}(x) \in C^{k,1}(\Omega, \mathbb{R}^{mn})$ が (3.2.4) を満たすとし，$f(x) = (f_i(x)) \in W^{k,2}(\Omega; \mathbb{R}^n)$，$F(x) = (F_i^\alpha(x)) \in W^{k+1,2}(\Omega, \mathbb{R}^{mn})$ と仮定する．$u \in W^{1,2}(\Omega, \mathbb{R}^{mn})$ を (3.2.3) の弱解とすると，$u \in W_{\mathrm{loc}}^{k,2}(\Omega; \mathbb{R}^n)$ となる．

この定理より，A, f, F が C^∞-級であれば，$u \in W_{\mathrm{loc}}^{k,2}$ が任意の $k \in \mathbb{N}$ に対して成り立つことが分かり，ソボレフの定理より，$u \in C^l$ が任意の $l \in \mathbb{N}$ に対して成り立つ，すなわち $u \in C^\infty$ となる．

定理 3.3.3 の証明で現れた評価 (3.3.24) は，積分領域を $B(y, R) \Subset \Omega$ としたものが後で有用となるので，それについて述べておこう．定理 3.3.3 の証明において，途中で用いた (3.2.16) の代わりに (3.2.6) を用い，また証明の後半において用いた η を (3.2.7) のように選ぶと，

$$
\begin{aligned}
&\int_{B(y,r)} |D^2 u|^2 dx \\
&\leq C\Big\{ \frac{1}{(R-r)^2} \int_{B(y,R)} |Du|^2 dx + \int_{B(y,R)} |f|^2 dx \\
&\qquad + \int_{B(y,R)} |DF|^2 dx \Big\}
\end{aligned} \tag{3.3.25}
$$

という評価を得る．

以後，特に $f \equiv 0$，$F \equiv 0$ の場合の評価が重要な役割を果たすので，系として述べておく．

系 3.3.5 $A(x) = \big(A_{ij}^{\alpha\beta}(x)\big)$ を定理 3.3.3 と同様とする．$u \in W^{1,2}(\Omega. \mathbb{R}^n)$ を，

$$
D_\beta \Big(A_{ij}^{\alpha\beta}(x) D_\alpha u^i(x) \Big) = 0 \tag{3.3.26}
$$

の弱解とする．このとき，任意の $B(y, R) \subset \Omega$ と $0 < r < R$ に対して，ある定数 $C = C(A, R, r)$ 存在して，

$$
\|u\|_{W^{2,2}(B(y,r))} \leq C\|u\|_{L^2(B(y,R))} \tag{3.3.27}
$$

が成り立つ．

証明 $R_1 = (R + r)/2$ とおく，$B(y, r)$ と $B(y, R_1)$ に対して，

(3.3.25) を用いると, A, R_1, r に依存する定数 $c_0(A, R_1, r)$ に対して,

$$\int_{B(y,r)} |D^2 u|^2 dx \leq c_0(A, R_1, r) \int_{B(y,R_1)} |Du|^2 dx$$

を得る. 次に, $B(y, R_1) \subset B(y, R)$ において (3.2.6) を用いると,

$$\int_{B(y,R_1)} |Du|^2 dx \leq c_0'(A, R, R_1) \int_{B(y,R)} |u|^2 dx$$

となる. R_1 は r と R から定めたことに注意すると, これらより,

$$\int_{B(y,r)} |D^2 u|^2 dx \leq c_1(A, r, R) \int_{B(y,R)} |u|^2 dx$$

を得る. これより, (3.3.27) が従う. $\qquad\square$

係数 $A(x)$ が C^∞-級のとき, 系 3.3.5 を繰り返し用いることができ, 次の系が成り立つ.

系 3.3.6 $A(x) = \big(A_{ij}^{\alpha\beta}(x)\big)$ は (3.2.4) を満たし, さらに $A_{ij}^{\alpha\beta}(x) \in C^\infty(\Omega)$ であるとする. $u \in W^{1,2}(\Omega.\mathbb{R}^n)$ を,

$$D_\beta\Big(A_{ij}^{\alpha\beta}(x) D_\alpha u^i(x)\Big) = 0 \tag{3.3.28}$$

の弱解とする. このとき, 任意の $B(y, R) \subset \Omega$, $0 < r < R$ と $k \in \mathbb{N}$ に対して, $u \in W^{k,2}(B(y,r))$ となり, ある定数 $C = C(A, R, r, k)$,

$$\|u\|_{W^{k,2}(B(y,r))} \leq C\|u\|_{L^2(B(y,R))} \tag{3.3.29}$$

が成り立つ.

この系と, ソボレフの定理・定理 1.3.20 より, 直ちに次の系を得る.

系 3.3.7 系 3.3.6 と同じ条件の下で, $u \in C^\infty(\Omega)$ となる.

この章で解説した方法, すなわち差分商を評価することにより弱微分可能性を上げていき, ソボレフの定理によって解の連続性や古典的な意味での偏微分可能性を得るという方法は, 線形方程式に対しては有効であったが, 非線形方程式に対しては, 限界がある. そこで次章ではまず, ソボレフの定理以外に, 積分量の評価から連続性を得るための道具立てを与える.

3.3 差分商による方法 ◀ *067*

4 ▶ 弱解の $C^{0,\alpha}$-評価，$C^{1,\alpha}$-評価

この章ではモレー空間とカンパナート空間という二つの空間を導入し，それらを用いて弱解とその偏導関数のヘルダー連続性を得る方法を紹介する．

4.1 ▶ モレー空間とカンパナート空間

領域 Ω に関し，この節では特に，ある定数 $A > 0$ で，

$$|B(x,r) \cap \Omega| \geq Ar^m \tag{4.1.1}$$

を任意の $x \in \Omega$ と $r < \operatorname{diam}\Omega$ に対して満たすものが存在すると仮定する．このような定数 A は，$\partial\Omega$ がリプシッツ連続なら必ず存在する．

なお，以下で，

$$\Omega(x,r) := B(x,r) \cap \Omega \tag{4.1.2}$$

と書くこととする．

まず，モレー空間を導入する．

定義 4.1.1 $1 \leq p \leq \infty$ と $\lambda > 0$ に対して，

$$\|u\|_{L^{p,\lambda}(\Omega)}^p := \sup_{\substack{y \in \Omega \\ r > 0}} r^{-\lambda} \int_{\Omega(y,r)} |u(x)|^p dx \tag{4.1.3}$$

とおく．モレー空間 $L^{p,\lambda}(\Omega)$ を，

$$L^{p,\lambda}(\Omega) := \left\{ u \in L^p(\Omega) \ ; \ \|u\|_{L^{p,\lambda}(\Omega)} < +\infty \right\} \tag{4.1.4}$$

と定義する.

$\|u\|_{L^{p,\lambda}(\Omega)}^p$ は $L^{p,\lambda}(\Omega)$ のノルムとなり, $L^{p,\lambda}(\Omega)$ はこのノルムに関してバナッハ空間となる.

次に, カンパナート空間を定義するが, その前に今後頻繁に使うことになる積分平均の記号を導入しておく. $u \in L^1(\Omega)$, $x \in \Omega$, $r > 0$ に対して,

$$u_{x,r} := \fint_{\Omega(x,r)} u(y)dy := \frac{1}{|\Omega(x,r)|} \int_{\Omega(x,r)} u(y)dy \qquad (4.1.5)$$

とおく. また, 中心 x が一連の議論の中で明らかな場合は, x を省略して u_r とも書く.

定義 4.1.2 $1 \le p \le \infty$ と $\lambda > 0$ に対して,

$$[u]_{p,\lambda}^p (= [u]_{p,\lambda,\Omega}^p) := \sup_{\substack{x \in \Omega \\ r > 0}} r^{-\lambda} \int_{\Omega(x,r)} |u(y) - u_{x,r}|^p dy \qquad (4.1.6)$$

とおく. **カンパナート**[32] **空間** $\mathcal{L}^{p,\lambda}(\Omega)$ を,

$$\mathcal{L}^{p,\lambda}(\Omega) := \{u \in L^p(\Omega) \; ; \; [u]_{p,\lambda} < +\infty\} \qquad (4.1.7)$$

と定義する.

$[u]_{\mathcal{L}^{p,\lambda}(\Omega)}^p$ は, それだけではノルムとはならないが,

$$\|u\|_{\mathcal{L}^{p,\lambda}(\Omega)} := \|u\|_{L^p(\Omega)} + [u]_{p,\lambda} \qquad (4.1.8)$$

とおくと, これは $\mathcal{L}^{p,\lambda}(\Omega)$ のノルムとなり, $\mathcal{L}^{p,\lambda}(\Omega)$ はこのノルムに関してバナッハ空間となる. また, これまでと同様に, $L^{p,\lambda}(\Omega;\mathbb{R}^n)$, $\mathcal{L}^{p,\lambda}(\Omega;\mathbb{R}^n)$ も定義する.

カンパナート空間の重要な性質を示すために, 次の補題を準備する.

補題 4.1.3 $\lambda > m$, $u \in \mathcal{L}^{p,\lambda}(\Omega)$ とする. $0 < R < \operatorname{diam}\Omega$, $k \in \mathbb{N} \cup \{0\}$ に対して, $R_k = 2^{-k}R$ とおく. このとき, 次の性質を持つ定数 $C > 0$ が存在する:
任意の $x_0 \in \Omega$ と $k, l \in \mathbb{N} \cup \{0\}$ $(l > k)$ に対して,

$$|u_{x_0,R_k} - u_{x_0,R_l}| \le C[u]_{p,\lambda} R_k^{(\lambda-m)/p} \qquad (4.1.9)$$

[32] Sergio Campanato (1930–2005). イタリアの数学者. 弱解の正則性理論の礎を築いた数学者の一人.

が成り立つ.

証明 $x_0 \in \Omega$ を任意に選び,固定する.$0 < r < R$ に対して,

$$u_r := u_{x_0, r}, \quad \Omega_r := \Omega(x_0, r)$$

とおく.

$0 < r < s < R$ に対して,

$$|u_s - u_r|$$
$$= \left| u_s - \fint_{\Omega_r} u(x) dx \right| \leq \fint_{\Omega_r} |u(x) - u_s| dx$$
$$\leq \left(\fint_{\Omega_r} |u(x) - u_s|^p dx \right)^{\frac{1}{p}} \quad (\text{ヘルダーの不等式})$$
$$\leq \left(\frac{1}{|\Omega_r|} \int_{\Omega_s} |u(x) - u_s|^p dx \right)^{\frac{1}{p}} \quad (r < s \text{ より}) \qquad (4.1.10)$$

となる.この章以降では常に (4.1.1) を仮定しているので,$|\Omega_r| \geq Ar^m$ である.これに注意すると,上の評価より,

$$|u_s - u_r|$$
$$\leq \left(\frac{1}{Ar^m} s^\lambda s^{-\lambda} \int_{\Omega_s} |u(x) - u_s|^p dx \right)^{\frac{1}{p}}$$
$$\leq A^{-\frac{1}{p}} r^{-\frac{m}{p}} s^{\frac{\lambda}{p}} [u]_{p,\lambda} \qquad (4.1.11)$$

を得る.(4.1.11) において,

$$s = R_i = 2^{-i} R, \quad r = R_{i+1} = 2^{-(i+1)} R$$

とおくと,

$$|u_{R_i} - u_{R_{i+1}}| \leq A^{-\frac{1}{p}} 2^{\frac{m(i+1)}{p}} R^{-\frac{m}{p}} 2^{-\frac{\lambda i}{p}} R^{\frac{\lambda}{p}} [u]_{p,\lambda}$$
$$= A^{-\frac{1}{p}} 2^{\frac{m}{p}} 2^{\frac{m-\lambda}{p} i} R^{\frac{\lambda-m}{p}} [u]_{p,\lambda} \qquad (4.1.12)$$

となる.ここで,$A^{-1/p} 2^{m/p} = C_0$ とおくと,$k < l$ に対して,

$$|u_{R_k} - u_{R_l}| \leq \sum_{i=k}^{l-1} |u_{R_i} - u_{R_{i+1}}|$$
$$\leq C_0 R^{\frac{\lambda-m}{p}} \sum_{i=k}^{l-1} 2^{\frac{m-\lambda}{p} i} [u]_{p,\lambda}$$

4.1 モレー空間とカンパナート空間 ◀ *071*

$$
= C_0 \left(2^{-k} R \right)^{\frac{\lambda - m}{p}} \sum_{i=0}^{l-k-1} 2^{\frac{m-\lambda}{p} i} [u]_{p,\lambda}
$$

$$
< C_0 \frac{1}{1 - 2^{\frac{m-\lambda}{p}}} R_k^{\frac{\lambda - m}{p}} [u]_{p,\lambda} \qquad (4.1.13)
$$

を得るが，$C_0/(1 - 2^{(m-\lambda)/p})$ を C とすれば，(4.1.9) を得る． $\square$

$0 \le \lambda < m$ のとき，モレー空間とカンパナート空間は**同型**である，すなわち同じものとみなせる．ここで，二つのノルム空間が同型であることの定義を与えておく．

定義 4.1.4 二つのノルム空間 V，W の間に，有界線形作用素 $T : V \to W$ で，全単射かつ逆写像 T^{-1} も有界となるものが存在するとき，V と W は**同型**であるという．

本書では，V と W が同型なとき，$V \cong W$ と書くこととする．

定理 4.1.5 $0 \le \lambda < m$ のとき，$L^{p,\lambda}(\Omega) \cong \mathcal{L}^{p,\lambda}(\Omega)$ である．

証明 まず，$L^{p,\lambda}(\Omega) \subset \mathcal{L}^{p,\lambda}(\Omega)$ を示そう．ヘルダーの不等式より，

$$
u_{x_0,\rho} = \fint_{\Omega(x_0,\rho)} u \, dx \le \left(\fint_{\Omega(x_0,\rho)} |u|^p dx \right)^{1/p}
$$

となるので，

$$
\int_{\Omega(x_0,\rho)} |u(x) - u_{x_0,\rho}|^p dx
$$

$$
\le 2^{p-1} \left\{ \int_{\Omega(x_0,\rho)} |u|^p dx + |\Omega(x_0,\rho)||u_{x_0,\rho}|^p \right\} \qquad (4.1.14)
$$

より，

$$
[u]_{p,\lambda}^p \le 2^p \sup \rho^{-\lambda} \int_{\Omega(x_0,\rho)} |u|^p dx \le 2^p \|u\|_{L^{p,\lambda}(\Omega)}^p \qquad (4.1.15)
$$

となることが分かる．これより，$L^{p,\lambda}(\Omega) \subset \mathcal{L}^{p,\lambda}(\Omega)$ であることと，包含写像 $J : L^{p,\lambda}(\Omega) \to \mathcal{L}^{p,\lambda}(\Omega)$ が有界であることも直ちに分かる．

次に逆向きの包含関係を示す．まず，

$$
\rho^{-\lambda} \int_{\Omega(x_0,\rho)} |u|^p dx
$$

$$\leq\ 2^{p-1}\Big[\rho^{-\lambda}\int_{\Omega(x_0,\rho)}|u-u_{x_0,\rho}|^p dx$$
$$+\omega_m\rho^{m-\lambda}|u_{x_0,\rho}|^p\Big] \tag{4.1.16}$$

に注意すれば，$\rho^{m-\lambda}|u_{x_0,\rho}|^p$ が x_0 と $\rho>0$ に関して一様に上から評価できればよいことが分かる．

任意の $0<\rho<(\operatorname{diam}\Omega)/2$ に対して $k\in\mathbb{N}$ を $(\operatorname{diam}\Omega)/2<2^k\rho<\operatorname{diam}\Omega$ となるように選び，$R=2^k\rho$ として，(4.1.12) を $i=0$ から $i=k-1$ まで加え，ここでは $\lambda-m<0$ であることに注意すると，

$$|u_{x_0,\rho}|^p \leq\ 2^{p-1}\big(|u_{x_0,R}|^p+|u_{x_0,\rho}-u_{x_0,R}|^p\big)$$
$$\leq\ 2^{p-1}\big(|u_{x_0,R}|^p+C[u]_{p,\lambda}^p\rho^{\lambda-m}\big) \tag{4.1.17}$$

となることが分かる．また，$(\operatorname{diam}\Omega)/2<R<\operatorname{diam}\Omega$ に対して，

$$|u_{x_0,R}|^p \leq\ A^{-p}R^{-pm}\Big(\int_\Omega u dx\Big)^p$$
$$\leq\ A^{-p}\Big(\frac{\operatorname{diam}\Omega}{2}\Big)^{-pm}|\Omega|^{p-1}\|u\|_{L^p(\Omega)}^p$$
$$=:\ C_0(m,p,\Omega)\|u\|_{L^p(\Omega)}^p \tag{4.1.18}$$

となる．結局，$0<\rho<\operatorname{diam}\Omega$ に対して，(4.1.17) と (4.1.18) より，

$$|u_{x_0,\rho}|^p \leq C_1(m,p,\Omega)\big(\|u\|_{L^p(\Omega)}^p+[u]_{p,\lambda}^p\rho^{\lambda-m}\big) \tag{4.1.19}$$

を得る．この評価と，(4.1.16) より，

$$\rho^{-\lambda}\int_{\Omega(x_0,\rho)}|u|^p dx$$
$$\leq\ C_2(m,p,\Omega)\big[[u]_{p,\lambda}+(\operatorname{diam}\Omega)^{m-\lambda}\|u\|_{L^p(\Omega)}^p\big] \tag{4.1.20}$$

を得る．ここで，$m-\lambda>0$ より，$\rho^{m-\lambda}\leq(\operatorname{diam}\Omega)^{m-\lambda}$ であることを用いた．(4.1.20) より，ある定数 $C_3(m,p,\Omega)>0$ に対して，

$$\|u\|_{L^{p,\lambda}(\Omega)}\leq C_3\|u\|_{\mathcal{L}^{p,\lambda}(\Omega)} \tag{4.1.21}$$

となる．これより，$\mathcal{L}^{p,\lambda}(\Omega)\subset L^{p,\lambda}(\Omega)$ であることと，包含写像 $J^{-1}:\mathcal{L}^{p,\lambda}(\Omega)\to L^{p,\lambda}(\Omega)$ が有界であることが分かる．ここで，

J^{-1} は証明の前半に出てきた包含写像 $J : L^{p,\lambda}(\Omega) \to \mathcal{L}^{p,\lambda}(\Omega)$ の逆写像である[33].

[33] と言っても，どちらも恒等写像である

カンパナート空間の最も重要な性質は，$m < \lambda \leq m + p$ のとき，ヘルダー空間と同型となることである．これは積分量 $[\cdot]_{p,\lambda}$ に対する評価からヘルダー連続性が得られることを表しており，後で紹介するディリクレ積分の増大度に関するモレーの定理とともに，弱解の正則性を示す際の強力な道具となる．

定理 4.1.6（カンパナート） $m < \lambda \leq m + p$ のとき，

$$\mathcal{L}^{p,\lambda}(\Omega) \cong C^{0,\alpha}(\overline{\Omega}), \quad \alpha = \frac{\lambda - m}{p}. \tag{4.1.22}$$

となる．

証明 前定理と同様に，二つのノルムが同値なことを示せば十分である．

まず，$\lambda > m$ のとき，$\mathcal{L}^{p,\lambda}(\Omega) \subset C^0(\Omega)$ であることを示す．$u \in \mathcal{L}^{p,\lambda}(\Omega)$ とし，補題 4.1.3 のように u_{x_0,R_k} をとる．(4.1.9) より，数列 $\{u_{x_0,R_k}\}$ はすべての点 $x_0 \in \Omega$ においてコーシー列であり，ある実数 c_{x_0} に収束する．各点 $x_0 \in \Omega$ にこの値 c_{x_0} を対応させる写像を $\tilde{u}$ とおくと，

$$u_{x_0,r} \to \tilde{u}(x_0) \quad \forall x_0 \in \Omega \tag{4.1.23}$$

が成り立つ．一方，定理 1.1.7 より，

$$u_{x_0,R_k} \to u(x_0) \quad \text{a.e. } x_0 \in \Omega \tag{4.1.24}$$

である．これらより，$u(x) = \tilde{u}(x)$ がほとんどすべての点で成り立つので，ソボレフ空間の元としては両者を区別できない．したがって，再び (4.1.23) より，

$$u_{x_0,R_k} \to u(x_0) \quad \forall x_0 \in \Omega \tag{4.1.25}$$

と思ってよい．

(4.1.9) において $l \to \infty$ とすると，$u_{x_0,R_l} \to u(x_0)$ なので，

$$|u_{x_0,R_k} - u(x_0)| \leq C[u]_{p,\lambda} R_k^{(\lambda-m)/p} \tag{4.1.26}$$

074 ▶ 4 弱解の $C^{0,\alpha}$-評価，$C^{1,\alpha}$-評価

となる．この右辺は x_0 に関係なく 0 に収束するので，u_{x_0,R_k} は $u(x_0)$ に Ω 上で一様収束する．

一方，各 $r >$ に対して，$u_{x,r}$ は x の連続関数である．連続関数の一様収束極限として得られる関数は連続なので，$u \in C^0(\Omega)$ となる．

次に，$u \in \mathcal{L}^{p,\lambda}(\Omega)$ ならば u はヘルダー連続となることを示そう．2点 $x, y \in \Omega$ を任意にとり，$R = |x-y|$，$\alpha = (\lambda - m)/p$ とおく．まず，

$$
\begin{aligned}
&|u(x) - u(y)| \\
&\leq |u_{x,2R} - u(x)| + |u_{x,2R} - u_{y,2R}| + |u_{y,2R} - u(y)| \\
&=: I + I\!I + I\!I\!I
\end{aligned} \tag{4.1.27}
$$

として，それぞれを評価する．(4.1.26) において，R を $2R$，$k = 0$ とすると，

$$
I, I\!I\!I \leq C 2^\alpha [u]_{p,\lambda} R^\alpha = c_0 [u]_{p,\lambda} |x-y|^\alpha \tag{4.1.28}
$$

を得る．

$I\!I$ を評価する前に，

$$
\begin{aligned}
|\Omega(x,2R) \cap \Omega(y,2R)| &\geq \left| \Omega\left(\frac{x+y}{2}, R\right) \right| \\
&\geq AR^m
\end{aligned} \tag{4.1.29}
$$

となることに注意しておく．定数の積分平均はその定数自身と一致することに注意して，

$$
\begin{aligned}
I\!I &= \fint_{\Omega(x,2R) \cap \Omega(y,2R)} |u_{x,2R} - u_{y,2R}| dz \\
&\leq \fint_{\Omega(x,2R) \cap \Omega(y,2R)} |u_{x,2R} - u(z)| dz \\
&\qquad + \fint_{\Omega(x,2R) \cap \Omega(y,2R)} |u_{y,2R} - u(z)| dz \\
&\leq |\Omega(x,2R) \cap \Omega(y,2R)|^{-1} \\
&\qquad \cdot \left(\int_{\Omega(x,2R)} |u_{x,2R} - u(z)| dz \right. \\
&\qquad\qquad \left. + \int_{\Omega(y,2R)} |u_{y,2R} - u(z)| dz \right)
\end{aligned}
$$

4.1 モレー空間とカンパナート空間 ◀ *075*

$$\leq (AR^m)^{-1}\left\{|\Omega(x,2R)|^{1-\frac{1}{p}}\left(\int_{\Omega(x,2R)}|u(z)-u_{x,2R}|^p dz\right)^{\frac{1}{p}}\right.$$

$$\left. +|\Omega(y,2R)|^{1-\frac{1}{p}}\left(\int_{\Omega(y,2R)}|u(z)-u_{y,2R}|^p dz\right)^{\frac{1}{p}}\right\}$$

$$\leq A^{-1}R^{-m}\left((\omega_m(2R)^m)^{1-\frac{1}{p}}\cdot\left\{\left(\int_{\Omega(x,2R)}|u(z)-u_{x,2R}|^p dz\right)^{\frac{1}{p}}\right.\right.$$

$$\left.\left. +\left(\int_{\Omega(y,2R)}|u(z)-u_{y,2R}|^p dz\right)^{\frac{1}{p}}\right\}\right.$$

$$\leq c_1 R^{-\frac{m}{p}}(2R)^{\frac{\lambda}{p}}[u]_{p,\lambda}=c_2|x-y|^{\frac{\lambda-m}{p}}[u]_{p,\lambda} \qquad (4.1.30)$$

と評価できる.

(4.1.27) と (4.1.28), (4.1.30) より,

$$|u(x)-u(y)|\leq c_3[u]_{p,\lambda}|x-y|^\alpha$$

となり, これより直ちに,

$$[u]_\alpha(=[u]_{\alpha,\Omega})=\sup_{x,y\in\Omega}\frac{|u(x)-u(y)|}{|x-y|^\alpha}\leq c_3[u]_{p,\lambda} \qquad (4.1.31)$$

を得るので, $u\in C^{0,\alpha}(\overline{\Omega})$ となることが分かる. (本書で用いるのは本質的にこの評価であり, ここまで示しておけば十分であるが, まだ定理の主張には到達していないので, 証明を続ける.)

次に,

$$|u(y_0)|\leq\|u\|_{L^p(\Omega)}$$

となる $y_0\in\Omega$ が必ず存在することに注意し, このような y_0 を一つ選んでおく. 任意の $x\in\Omega$ に対して,

$$\begin{aligned}|u(x)|&\leq |u(y_0)|+|u(x)-u(y_0)|\\&\leq \|u\|_{L^p(\Omega)}+(\operatorname{diam}\Omega)^\alpha[u]_\alpha\\&\leq \|u\|_{L^p(\Omega)}+(\operatorname{diam}\Omega)^\alpha c_3[u]_{p,\lambda}\\&\leq c_4(p,\lambda,m,\Omega)\|u\|_{\mathcal{L}^{p,\lambda}(\Omega)}\end{aligned}$$

となるので,

076 ▶ 4 弱解の $C^{0,\alpha}$-評価, $C^{1,\alpha}$-評価

$$\sup_{\Omega} |u| \le c_4 \|u\|_{\mathcal{L}^{p,\lambda}(\Omega)}$$

となり，(4.1.31) と合わせて，

$$\|u\|_{C^{0,\alpha}(\overline{\Omega})} \le c_5 \|u\|_{\mathcal{L}^{p,\lambda}(\Omega)} \tag{4.1.32}$$

を得る．

次に，$u \in C^{0,\alpha}(\overline{\Omega})$ と仮定し，$\lambda = m + \alpha p$ とおく．任意の $x \in \Omega$ と $y \in B(x,R)$ に対して，

$$|u(y) - u_{x,R}| \le u(y) - \inf_{z \in \Omega(x,R)} u(z) \le (2R)^\alpha [u]_\alpha$$

が成り立つので，

$$R^{-\lambda} \int_{\Omega(x,R)} |u(y) - u_{x,R}|^p dy \le R^{-\lambda} \omega_m R^m (2R)^{\alpha p} [u]_\alpha^p$$
$$= \omega_m 2^{\alpha p} [u]_\alpha^p$$

となる．ここで，ω_m は m-次元単位球のルベーグ測度を表す．これより，

$$[u]_{p,\lambda} \le c_6 [u]_\alpha \tag{4.1.33}$$

が従う．さらに，

$$\|u\|_{L^p(\Omega)} \le |\Omega|^{1/p} \sup_{\Omega} |u|$$

であるから，これと (4.1.33) より，ある定数 c_7 に対して，

$$\|u\|_{\mathcal{L}^{p,\lambda}(\Omega)} \le c_7 \|u\|_{C^{0,\alpha}(\overline{\Omega})}$$

を得る．この評価と (4.1.32) より (4.1.22) となることが分かる．$\square$

注意 4.1.7　定理 4.1.5, 4.1.6 の他に，カンパナート空間やモレー空間と他の空間との間に，次のような関係が知られている．

(i) $L^{p,m}(\Omega) = L^\infty(\Omega)$.

(ii) $\lambda > m + p$ のとき，$\mathcal{L}^{p,\lambda}(\Omega)$ の元は定数関数のみである．

これらはいずれも重要な性質であるが，本書では用いないので，証明は省略する．

4.1 モレー空間とカンパナート空間 ◂ *077*

この章の最後に，有名なディリクレ積分の増大度に関するモレーの定理を紹介しよう．これは，もともとカンパナートの定理 4.1.6 とは独立に示されていたものだが，定理 4.1.6 を用いれば容易に示せる．ここでの議論の流れからすると「系」としてもよさそうだが，極めて重要かつ有名な定理であり，もともと独立な定理なので，「定理」とする．

定理 4.1.8　$u \in W_{\text{loc}}^{1,p}(\Omega)$ とする．ある定数 $K_0 > 0$ に対して，

$$r^{-m+p-p\alpha} \int_{B(x,r)} |Du(y)|^p dy \leq K_0 \qquad (4.1.34)$$

が任意の $x \in \Omega$ と $r < \text{dist}(x, \partial\Omega)$ で成り立つと仮定する．このとき，$u \in C^{0,\alpha}(\Omega)$ である．

証明　任意に $x_0 \in \Omega$ をとり，$0 < R_0 < \text{dist}(x_0, \partial\Omega)/2$ を満たす R_0 を選ぶ．$u \in C^{0,\alpha}(\overline{B(x_0, R_0)})$ となることを示せばよい．

$x \in B(x_0, R_0)$ と $r < R_0$ に対して，ポアンカレの不等式 (1.3.18) と仮定 (4.1.34) より，

$$\int_{B(x,r)} |u(y) - u_{x,r}|^p dy \leq C_{P3} r^p \int_{B(x,r)} |Du(y)|^p dy$$
$$\leq C_{P3} K_0 r^{m+p\alpha}$$

を得る．これより，$u \in \mathcal{L}^{p, m+p\alpha}(B(x_0, R_0))$ となることが分かり，定理 4.1.6 より，$u \in C^{0,\alpha}(\overline{B(x_0, R_0)})$ となる．　　　□

これまでに述べたモレーの定理，カンパナートの定理を用いて，以下の節において線形楕円型偏微分方程式系の弱解およびその偏導関数のヘルダー連続性を論じる．

注意 4.1.9　今後，弱解の正則性を得るために，カンパナート空間の定義に現れた $r^{-\lambda} \int_{B(x,r)} |u - u_{x,r}|^p dx$ や上の定理に現れた $r^{-m+p-p\alpha} \int_{B(x,r)} |Du(y)|^p dy$ といった量を上から評価することが重要な役割を果たす．その際，何らかの条件から定まる $r_0 >$ に対して $0 < r < r_0$ の範囲の r に対してのみこれらの量を評価すれば十分である．なぜなら，$r \geq r_0$ に対しては，

$$r^{-\lambda} \int_{B(x,r)} |u - u_{x,r}|^p dx \leq 2\|u\|_{L^p(\Omega)}^p r_0^{-\lambda}$$

$$r^{-m+p-p\alpha} \int_{B(x,r)} |Du(y)|^p dy \le \|Du\|_{L^p(\Omega)}^p r_0^{-m+p-p\alpha}$$

となり，ともに $u \in W^{1,p}(\Omega)$ に対して有界となるからである．

4.2 定数係数の場合

まず，最も簡単な場合に対する基本的な結果を述べる．次の定理で述べる結果は，今後の展開する理論の中で頻繁に用いることになる．

ルジャンドル条件 (3.1.5) を満たす定数行列 $A_{ij}^{\alpha\beta}$ を係数行列とする偏微分方程式，

$$D_\beta \big(A_{ij}^{\alpha\beta} D_\alpha u^i \big) = 0 \quad (j = 1, ..., n) \tag{4.2.1}$$

を考える．

定理 4.2.1 $u \in W^{1,2}(\Omega)$ を方程式 (4.2.1) の弱解とする．このとき，$A_{ij}^{\alpha\beta}$ のみに依存する定数 C が存在して，任意の $x_0 \in \Omega$ と $0 < r \le R \le \mathrm{dist}(x_0, \partial\Omega)$ に対して，

$$\int_{B(x_0,r)} |u|^2 dx \le C \left(\frac{r}{R} \right)^m \int_{B(x_0,R)} |u|^2 dx, \tag{4.2.2}$$

$$\int_{B(x_0,r)} |u - u_{x_0,r}|^2 dx \le C \left(\frac{r}{R} \right)^{m+2} \int_{B(x_0,R)} |u - u_{x_0,R}|^2 dx,$$

$$\tag{4.2.3}$$

が成り立つ．

証明 $R/2 \le r \le R$ に対しては，(4.2.2) では $C > 2^m$，(4.2.3) では $C > 2^{m+2}$ ととれば，これらの不等式は明らかに成り立つ．したがって，$0 < r < R/2$ の場合に対して証明すれば十分である．

まず，(4.2.2) を示そう．系 3.3.6 を $r = R/2$ として用いると，任意の $k \in N$ に対して，

$$\|u\|_{W^{k,2}(B(x_0,R/2))} \le C(\lambda, \Lambda, k, R) \|u\|_{L^2(B(x_0,R))} \tag{4.2.4}$$

となる．系 3.3.6 では変数係数の場合を考えていたので，定数 C は $A = (A_{ij}^{\alpha\beta}(x))$ の連続性や偏導関数等にも依存していたが，今は定

数係数の場合を考えているので，k, R の他には λ, Λ にしか依存しない．

一方，系 1.3.20 より，十分大きな $k \in \mathbb{N}$ (この "十分な大きさ" は次元 m のみによって決まる) に対して，

$$\sup_{B(x_0, R/2)} |u| \leq c_0(m, k, R)\|u\|_{W^{k,2}(B(x_0, R/2))} \tag{4.2.5}$$

が成り立つ．

(4.2.4), (4.2.5) より，

$$\begin{aligned}
\int_{B(x_0, r)} |u|^2 dx &\leq \omega_m r^m \sup_{B(x_0, r)} |u|^2 \\
&\leq \omega_m c_0(m, k, R) r^m \|u\|^2_{W^{k,2}(B(x_0, R/2))} \\
&\leq c_1(m, k, R, \lambda, \Lambda) r^m \int_{B(x_0, R)} |u|^2 dx
\end{aligned} \tag{4.2.6}$$

を得る．ここで，$y = (x - x_0)/R$, $\hat{u}(y) = u(Ry + x_0)$ とおくと，$\hat{u}(y)$ は $B(0, 1)$ を含むある領域上で (4.2.1) の弱解となっている．したがって，r を r/R，R を 1 として，(4.2.6) を満たす．すなわち，

$$\int_{B(0, r/R)} |\hat{u}(y)|^2 dy \leq c_1(m, k, \lambda, \Lambda, 1)\left(\frac{r}{R}\right)^m \int_{B(0,1)} |\hat{u}(y)|^2 dy \tag{4.2.7}$$

となる．一方，x から y に変数変換したときのヤコビアンは R^m となる ($dx = R^m dy$) ので，(4.2.7) より，

$$\begin{aligned}
&\int_{B(x_0, r)} |u(x)|^2 dx \\
&= \int_{B(0, r/R)} |\hat{u}(y)|^2 R^m dy \\
&\leq c_1(m, k, 1, \lambda, \Lambda)\left(\frac{r}{R}\right)^m \int_{B(0,1)} |\hat{u}(y)|^2 R^m dy \\
&= c_1(m, k, 1, \lambda, \Lambda)\left(\frac{r}{R}\right)^m \int_{B(x_0, R)} |u|^2 dx
\end{aligned} \tag{4.2.8}$$

となり，(4.2.2) を得る[34]．

次に (4.2.3) を示す．系 3.3.7 より $u \in C^\infty$ であり，(4.2.1) は定数係数であるので，u が弱解なら $D_\alpha u$, $D_\beta D_\alpha u, \ldots$ 等 u の偏導関数もすべて (4.2.1) の弱解となり，したがって，前半で示した (4.2.2)

[34] ここで用いたような，積分領域 $B(x, R)$ を変数変換により単位球等に変換して計算し，何らかの情報を得る方法のことを scaling argument と呼ぶことが多い．

は Du に対しても成立することに注意しておく．特に，後の都合から，R を $R/2$ として，$0 < r < R/2$ に対して，

$$\int_{B(x_0,r)} |Du|^2 dx \leq c_2 \left(\frac{r}{R}\right)^m \int_{B(x_0,R/2)} |Du|^2 dx, \qquad (4.2.9)$$

が成り立つ．ここで，(4.2.2) の C に対し，$c_2 = 2^m C$ とおいた．この不等式，ポアンカレの不等式 (1.3.18)，さらにカッチョッポリの不等式 (3.2.6)（$f = 0, F = 0, r = R/2, b = u_{x_0,R}$ として用いる）より，

$$\int_{B(x_0,r)} |u - u_{x_0,r}|^2 dx$$
$$\leq C_{P3} r^2 \int_{B(x_0,r)} |Du|^2 dx$$
$$\leq c_2 C_{P3} \left(\frac{r}{R}\right)^m r^2 \int_{B(x_0,R/2)} |Du|^2 dx$$
$$\leq c_4(\lambda, \Lambda, m) \left(\frac{r}{R}\right)^m r^2 R^{-2} \int_{B(x_0,R)} |u - u_{x_0,R}|^2 dx$$

となり，(4.2.3) を得る． $\qquad\qquad\qquad\qquad\qquad\qquad \square$

この定理の証明中で注意したように，u の偏導関数もすべて同じ方程式系の解となるので，(4.2.2)，(4.2.3) は u のすべての偏導関数に対しても成り立つ．特に，Du に対するものを後で使うので，系としてここで挙げておく．

系 4.2.2 u を定理 4.2.1 と同様とする．このとき，

$$\int_{B(x_0,r)} |Du|^2 dx \leq C \left(\frac{r}{R}\right)^m \int_{B(x_0,R)} |Du|^2 dx, \qquad (4.2.10)$$
$$\int_{B(x_0,r)} |Du - (Du)_{x_0,r}|^2 dx$$
$$\leq C \left(\frac{r}{R}\right)^{m+2} \int_{B(x_0,R)} |Du - (Du)_{x_0,R}|^2 dx, \qquad (4.2.11)$$

が成り立つ．

4.3 連続係数の場合

次に，連続係数の場合を考えたいが，その前に補題を二つ準備しておく．

補題 4.3.1 R_0, A, B, α, β を正定数で，$\beta < \alpha$ とする．非減少関数 $\phi : [0, \infty) \to [0, \infty)$ が，

$$\phi(\rho) \leq A\left[\left(\frac{\rho}{R}\right)^{\alpha} + \varepsilon\right]\phi(R) + BR^{\beta} \qquad (4.3.1)$$

をすべての $0 < \rho < R \leq R_0$ で満たしているとする．このとき，ある $\varepsilon_0 = \varepsilon_0(A, \alpha, \beta) > 0$ が存在し，$\varepsilon \in [0, \varepsilon_0)$ であれば，ある $C = C(A, \alpha, \beta)$ に対して，

$$\phi(\rho) \leq C\left[\left(\frac{\rho}{R}\right)^{\beta}\phi(R) + \rho^{\beta}\right] \qquad (4.3.2)$$

が $0 < \rho < R \leq R_0$ を満たす任意の ρ, R で成り立つ．

証明 (4.3.1)において，後で定める定数 $\tau \in (0, 1)$ に対して，$\rho = \tau R$ とおくと，

$$\begin{aligned}\phi(\tau R) &= A[\tau^{\alpha} + \varepsilon]\phi(R) + BR^{\beta} \\ &= \tau^{\alpha}A\left[1 + \frac{\varepsilon}{\tau^{\alpha}}\right]\phi(R) + BR^{\beta} \qquad (4.3.3)\end{aligned}$$

となる．次に $\beta < \gamma < \alpha$ となる γ を一つとる．$2A > 1$ と仮定しても一般性を失わないので，このように仮定し，τ を $2A\tau^{\alpha} = \tau^{\gamma}$ となるように選ぶ．$2A > 1$ と $\alpha > \gamma$ より，このような $\tau \in (0, 1)$ を選ぶことは可能である．次に，$\varepsilon_0 > 0$ を $\varepsilon_0\tau^{-\alpha} \leq 1$ となるように選ぶ．さて，ある $\varepsilon \in (0, \varepsilon_0)$ に対して (4.3.1) が成り立つとすると，(4.3.3) より，

$$\begin{aligned}\phi(\tau R) &\leq \frac{\tau^{\gamma}}{2}[1 + 1]\phi(R) + BR^{\beta} \\ &= \tau^{\gamma}\phi(R) + BR^{\beta} \qquad (4.3.4)\end{aligned}$$

を得る．これを，R, τR, $\tau^2 R$, $\tau^3 R$,..., $\tau^k R$ $(k \in N)$ に対して繰り返し用いると，

$$\phi(\tau^k R) \leq \tau^\gamma \phi(\tau^{k-1}R) + B(\tau^{k-1}R)^\beta$$

$$\leq \tau^{2\gamma}\phi(\tau^{k-2}R) + B(\tau^k R)^\beta \tau^{-\beta}(1 + \tau^{\gamma-\beta})$$

$$\cdots\cdots$$

$$\leq \tau^{k\gamma}\phi(R) + B(\tau^k R)^\beta \tau^{-\beta} \sum_{j=1}^{k} \tau^{(\gamma-\beta)j}$$

$$\leq \tau^{k\gamma}\phi(R) + B(\tau^k R)^\beta \tau^{-\beta} \cdot \frac{1}{1 - \tau^{\gamma-\beta}}$$

$$< \tau^{k\beta}\phi(R) + c_0(\tau^k R)^\beta \tag{4.3.5}$$

を得る. ここで, $c_0 = B\tau^{-\beta}/(1-\tau^{\gamma-\beta})$ とおいた. 任意の $\rho \in (0, R)$ に対して, $\tau^{k+1}R \leq \rho < \tau^k R$ となる $k \in \mathbb{N}$ がとれるので, (4.3.5) より,

$$\phi(\rho) \leq \phi(\tau^k R) \leq \tau^{k\beta}\phi(R) + c_0(\tau^k R)^\beta$$

$$= \tau^{-\beta}\big(\tau^{(k+1)\beta}\phi(R) + c_0(\tau^{k+1}R)^\beta\big)$$

$$\leq C\Big[\Big(\frac{\rho}{R}\Big)^\beta \phi(R) + \rho^\beta\Big]$$

となり, (4.3.2) を得る. ただし, $C = \tau^{-\beta}\max\{1, c_0\}$ とおいた. $\qquad\square$

補題 4.3.2 $D \subset \mathbb{R}^m$ を有界開集合, $f \in L^2(D)$ とする. このとき,

$$\min\left\{\int_D |f(x) - t|^2 dx \; ; \; t \in \mathbb{R}\right\} = \int_D |f(x) - f_D|^2 dx$$

である.

証明 t の関数 $h(t)$ を,

$$h(t) := \int_D |f(x) - t|^2 dx$$

とおき, $h(t)$ が極値となる条件 $h'(t) = 0$ を計算すると,

$$0 = \int_D (f(x) - t)dx = \int_D f dx - |D|t$$

となるので

$$t = \frac{1}{|D|}\int_D f(x)dx = f_D$$

を得る．したがって $t = f_D$ で唯一の極値を持つが，一方，下に有界であり下限を持つので，この極値が最小値である． $\square$

さて，これらの補題を用いて，系 4.2.2 より係数が連続な場合における弱解の連続性に関する評価を得ることができる．以下，$A = (A_{ij}^{\alpha\beta}) \in C^0(\Omega; \mathbb{R}^{m^2 n^2})$ と $0 < 2R < \mathrm{diam}\,\Omega$ に対して，

$$\omega_A(R) := \sup\{|A(x) - A(y)| \; ; \; x, y \in \Omega, \;\; |x - y| \leq 2R\} \quad (4.3.6)$$

とおく．

定理 4.3.3 $A_{ij}^{\alpha\beta} \in C^0(\Omega; \mathbb{R}^{m^2 n^2})$ は，ある定数 $0 < \lambda \leq \Lambda$ に対して，

$$\lambda|\xi|^2 \leq A_{ij}^{\alpha\beta}(x)\xi_\alpha^i \xi_\beta^j, \;\; |A_{ij}^{\alpha\beta}(x)| \leq \Lambda \quad\quad (4.3.7)$$

を任意の $x \in \Omega$, $\xi \in \mathbb{R}^{mn}$ で満たすとする．また，ある $0 \leq \tau < m$ に対し，$f = (f_i) \in L_{\mathrm{loc}}^{2,\tau-2}(\Omega; \mathbb{R}^n)$, $F = (F_i^\alpha) \in L_{\mathrm{loc}}^{2,\tau}(\Omega; \mathbb{R}^{mn})$ とする．このとき，$u \in W_{\mathrm{loc}}^{1,2}(\Omega; \mathbb{R}^n)$ を，

$$D_\alpha(A_{ij}^{\alpha\beta}(x)D_\beta u^j(x)) = f_i(x) - D_\alpha F_i^\alpha(x) \quad (i = 1, ..., n) \quad (4.3.8)$$

の弱解とすると，$Du \in L_{\mathrm{loc}}^{2,\tau}(\Omega)$ であり，任意のコンパクト集合 $K \subset \Omega$ において次の評価が成り立つ．

$$\|Du\|_{L^{2,\tau}(K)} \leq C\big(\|Du\|_{L^2(\Omega)} + \|f\|_{L^{2,\tau-2}(\Omega)} + \|F\|_{L^{2,\tau}(\Omega)}\big).$$
$$(4.3.9)$$

ここで，定数 C は $m, n, \lambda, \Lambda, \tau, K, \Omega, \omega_A$ にのみ依存し，u には依存しない．

証明 コンパクト集合 $K \subset \Omega$ を任意にとり，$R_0 = \mathrm{dist}(K, \partial\Omega)/2$ とおく．$x_0 \in K$ を任意にとり，$0 < r \leq R_0$ に対して $B_r := B(x_0, r)$ と書くこととする．$0 < R \leq R_0$ に対して v を $u + W_0^{1,2}(B_R)$ における，

$$\mathcal{A}_0(w) := \int_{B_R} A_{ij}^{\alpha\beta}(x_0) D_\alpha w^i D_\beta w^j \, dx$$

の最小点とする．v は $\mathcal{A}_0$ のオイラー–ラグランジュ方程式，

$$D_\alpha(A_{ij}^{\alpha\beta}(x_0) D_\beta v^j) = 0 \quad\quad (4.3.10)$$

の弱解となるので，系 4.2.2 を用いて，(4.2.10) より，

$$\int_{B_\rho} |Dv|^2 dx \leq c_0 \Big(\frac{\rho}{R}\Big)^m \int_{B_R} |Dv|^2 dx$$

$$\leq c_1 \Big(\frac{\rho}{R}\Big)^m \int_{B_R} |Du|^2 dx \qquad (4.3.11)$$

を満たすことが分かる. 二つ目の不等号は v が $\mathcal{A}_0(w)$ の最小点であることより得られる.

この Dv に対する評価から Du に対する評価を導くため, $\int |Du - Dv|^2 dx$ を評価しよう. u が (4.3.8) の弱解であることより, 任意の $\varphi \in W_0^{1,2}(B_R)$ に対して, 次の等式が成り立つ.

$$\int_{B_R} A_{ij}^{\alpha\beta}(x_0) D_\alpha u^i D_\beta \varphi^j dx$$

$$= \int_{B_R} \big[\{ \big(A_{ij}^{\alpha\beta}(x_0) - A_{ij}^{\alpha\beta}(x) \big) D_\alpha u^i + F_j^\beta(x) \} D_\beta \varphi^j$$

$$+ f_j \varphi^j \big] dx.$$

$$=: \int_{B_R} \big[G_j^\beta(x) D_\beta \varphi^j + f_j \varphi^j \big] dx. \qquad (4.3.12)$$

また, v は (4.3.10) の弱解なので,

$$\int_{B_R} A_{ij}^{\alpha\beta}(x_0) D_\alpha v^i D_\beta \varphi^j dx = 0$$

を満たしているので, $w = u - v$ とおくと, (4.3.12) より, w は,

$$\int_{B_R} A_{ij}^{\alpha\beta}(x_0) D_\alpha w^i D_\beta \varphi^j dx = \int_{B_R} \big[G_j^\beta(x) D_\beta \varphi^j + f_j \varphi^j \big] dx$$

を満たす. さらに, $w = u - v \in W_0^{1,2}(B_R)$ としていたので, 上の式は $\varphi = w$ に対しても成立する. したがって,

$$\lambda \int_{B_R} |Dw|^2 dx \leq \int_{B_R} A_{ij}^{\alpha\beta}(x_0) D_\alpha w^i D_\beta w^j dx$$

$$= \int_{B_R} \big[G_j^\beta(x) D_\beta w^j + f_j w^j \big] dx$$

$$=: I + II \qquad (4.3.13)$$

を得る. この右辺の I と II を評価する. I に対してはヤングの不等式と ω_A の定義 (4.3.6) を用いて,

$$
\begin{aligned}
|I| \leq & \frac{\lambda}{4} \int_{B_R} |Dw|^2 dx + \frac{1}{\lambda} \int_{B_R} |G|^2 dx \\
\leq & \frac{\lambda}{4} \int_{B_R} |Dw|^2 dx + \frac{2}{\lambda} \omega_A(R)^2 \int_{B_R} |Du|^2 dx \\
& + \frac{2}{\lambda} \int_{B_R} |F|^2 dx \\
\leq & \frac{\lambda}{4} \int_{B_R} |Dw|^2 dx + \frac{2}{\lambda} \omega_A(R)^2 \int_{B_R} |Du|^2 dx \\
& + \frac{2}{\lambda} R^\tau \|F\|_{L^{2,\tau}(\Omega)}^2 \qquad (4.3.14)
\end{aligned}
$$

と評価できる. II については, ヤングの不等式とポアンカレの不等式 (1.3.15) を用いて,

$$
\begin{aligned}
|II| \leq & \varepsilon R^{-2} \int_{B_R} |w|^2 dx + \frac{R^2}{\varepsilon} \int_{B_R} |f|^2 dx \\
\leq & C_{P1} \varepsilon \int_{B_R} |Dw|^2 dx + \frac{1}{\varepsilon} R^\tau \|f\|_{L^{2,\tau-2}(\Omega)}^2 \qquad (4.3.15)
\end{aligned}
$$

を得る.

(4.3.13), (4.3.14), (4.3.15) ($\varepsilon = \lambda/(4c_p)$ として) より,

$$
\begin{aligned}
\int_{B_R} & |Dw|^2 dx \\
\leq & c_2 \big[\omega_A^2(R) \int_{B_R} |Du|^2 dx \\
& + R^\tau \big(\|f\|_{L^{2,\tau-2}(\Omega)}^2 + \|F\|_{L^{2,\tau}(\Omega)}^2 \big) \big] \qquad (4.3.16)
\end{aligned}
$$

と評価できることが分かる. ここで,

$$
\begin{aligned}
\phi(r) := & \int_{B_r} |Du|^2 dx, \\
c_{f,F} := & c_2 \big(\|f\|_{L^{2,\tau-2}(\Omega)}^2 + \|F\|_{L^{2,\tau}(\Omega)}^2 \big)
\end{aligned}
$$

とおけば, (4.3.11) と (4.3.16) より,

$$
\begin{aligned}
\phi(\rho) \leq & c_4 \Big[\Big(\frac{\rho}{R} \Big)^m + \omega_A^2(R) \Big] \phi(R) \\
& + c_5 c_{f,F} R^\tau
\end{aligned}
$$

が $0 < \rho \leq R_0$ に対して成り立つことが分かる. したがって, この

ϕ に対して補題 4.3.1 を用いることができる．この補題の ε_0 に対して，$0 < R_1$ を十分小さくとって，$\omega_A^2(R_1) \leq \varepsilon_0$ となるようにすれば，$0 < \rho < R = \min\{R_0, R_1\}$ に対して，

$$\rho^{-\tau}\phi(\rho) \leq c_6\big[R^{-\tau}\phi(R) + c_{f,F}\big]$$

を得るので，

$$\rho^{-\tau}\int_{B_\rho}|Du|^2dx$$
$$\leq c_6\Big(R^{-\tau}\int_\Omega|Du|^2dx + +\|f\|_{L^{2,\tau-2}(\Omega)}^2 + \|F\|_{L^{2,\tau}(\Omega)}^2\Big)$$

を得る．ここで，$R^{-\tau}$ が右辺にあるが，$R = \min\{R_0, R_1\}$ であり，R_0 は Ω と K から，R_1 は ω_A のみから定まり，どちらも x_0 と ρ によらないことに注意すると，ある定数 $C = C(m, n, \lambda, \Lambda, \tau, K, \Omega, \omega_A)$ に対して，(4.3.9) が成り立つことが分かる． $\square$

この定理と定理 4.1.8 より，直ちに次の系を得る．

系 4.3.4 A, u を，F を定理 4.3.3 と同様とし，$m - 2 < \tau < m$ とする．このとき，$\sigma = (\tau - m + 2)/2$ に対して，$u \in C^{0,\sigma}(\Omega)$ となる．

次に，係数がヘルダー連続である場合を扱う．この場合は，Du のヘルダー連続性まで得られる．

定理 4.3.5 ある定数 $\sigma \in (0,1)$ に対して，$A = (A_{ij}^{\alpha\beta}(x))$ は $C^{0,\sigma}(\Omega)$ に属し，定理 4.3.3 と同様に (4.3.7) を満たしているとする．さらに，$f = (f_i(x)) \in L^{2,m+2\sigma-2}(\Omega)$，$F = (F_i^\alpha(x)) \in C^{0,\sigma}(\overline{\Omega})$ であるとする．このとき，$u \in W_{\mathrm{loc}}^{1,2}(\Omega)$ を (4.3.8) の弱解とすると，$Du \in C^{0,\sigma}(\Omega)$ となり，任意のコンパクト集合 $K \subset \Omega$ に対して，

$$\|Du\|_{C^{0,\sigma}(K)}$$
$$\leq C\big(\|Du\|_{L^2(\Omega)} + \|f\|_{L^{2,m+2\sigma-2}(\Omega)} + \|F\|_{C^{0,\sigma}(\overline{\Omega})}\big) \qquad (4.3.17)$$

を満たす．ここで，C は m, n, Ω, K および $A = (A_{ij}^{\alpha\beta}(x))$ に依存して定まる正定数である．

証明 まず，A に対する条件より，ある定数 L_A に対して，K 上で

$$\omega_A(R) \leq L_A R^\sigma, \tag{4.3.18}$$

であり，F に対する条件と定理 4.1.6 より，

$$F \in \mathcal{L}^{2, m+2\sigma} \tag{4.3.19}$$

となっていることに注意しておく．

前定理の証明と同様に，コンパクト集合 $K \subset \Omega$ を任意にとり，$R_0 = \text{dist}(K, \partial\Omega)$ とおく．さらに，$R_1 = R_0/8$ とおき，

$$K' := \{x \in \Omega \; ; \; \text{dist}(x, K) \leq 2R_1\},$$
$$K'' := \{x \in \Omega \; ; \; \text{dist}(x, K) \leq 4R_1\}$$

とおく（図 4.1）．

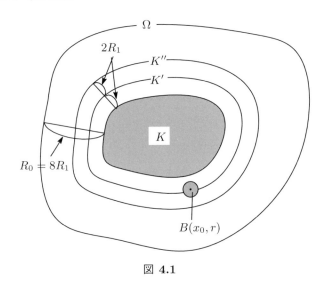

図 **4.1**

以下において，特に断らない限り，定数 c_ℓ ($\ell = 1, 2, ...$) は与えられている条件 $\lambda, \Lambda, m, n, \Omega$ （もしくはこれらの一部）にのみ依存して決まるものとする．また，$c_\ell \geq 1$ としておく．これは常に $c_k c_\ell \geq c_k, c_\ell$ となるようにしておきたいからである．

$x_0 \in K'$ を任意にとり，$0 < r \leq R_1$ に対して，$B_r := B(x_0, r)$ と書き，B_r 上の積分平均 $u_{x_0, r}$ も x_0 を省略して u_r と書くこととする．$0 < R \leq R_1$ に対して，$v \in u + W_0^{1,2}(B_R)$ を前定理の証明と同様に (4.3.10) の弱解となるようにとる．系 4.2.2 の (4.2.11) よ

り，ある定数 c_0 が存在して，$0 < \rho \leq R \leq R_1$ に対して，

$$\int_{B_r} |Dv - (Dv)_r|^2 dx$$
$$\leq c_0 \left(\frac{r}{R}\right)^{m+2} \int_{B_R} |Dv - (Dv)_R|^2 dx, \qquad (4.3.20)$$

を満たす．したがって，$w = u - v$ とおくと，

$$\int_{B_\rho} |Du - (Du)_\rho|^2 dx$$
$$\leq 2 \int_{B_\rho} |Dv - (Dv)_\rho|^2 dx$$
$$\quad + 2 \int_{B_\rho} |Dw - (Dw)_\rho|^2 dx$$
$$\leq 2c_0 \left(\frac{r}{R}\right)^{m+2} \int_{B_R} |Dv - (Dv)_R|^2 dx$$
$$\quad + 2 \int_{B_\rho} |Dw - (Dw)_R|^2 dx$$
$$\leq 4c_0 \left(\frac{r}{R}\right)^{m+2} \int_{B_R} |Du - (Du)_R|^2 dx$$
$$\quad + 4 \int_{B_R} |Dw - (Dw)_R|^2 dx$$
$$\leq 4c_0 \left(\frac{r}{R}\right)^{m+2} \int_{B_R} |Du - (Du)_R|^2 dx$$
$$\quad + 8 \int_{B_R} |Dw|^2 dx \qquad (4.3.21)$$

となる．ここで，二つ目の不等号では補題 4.3.2 を第 2 項に対して用い，三つ目の不等号では w の定義を用いた．

$(F_i^\alpha)_R$ は定数であるので，$\varphi \in W_0^{1,2}(B_0)$ に対して，

$$\int_{B_R} (F_i^\alpha)_R D_\alpha \varphi^i dx = 0$$

である．これを (4.3.12) から引き，$B_R \subset K''$ に注意して，前定理の証明を G_j^β の代わりに $G_j^\beta - (F_j^\beta)_R$ を用いて，$\tau = m + 2\sigma$ として繰り返すと，(4.3.18) を用いて，(4.3.16) の代わりに次の評価を得る．

4.3 連続係数の場合 ◀ *089*

$$\int_{B_R} |Dw|^2 dx$$
$$\leq c_1 \Big[\omega_A^2(R) \int_{B_R} |Du|^2 dx$$
$$+ R^{m-2\sigma} \big(\|f\|^2_{L^{2,m+2-2\sigma}(B_R)} + \|F - (F)_R\|^2_{L^{2,m+2\sigma}(B_R)} \big) \Big]$$
$$\leq c_1 \Big[L_A^2 R^{2\sigma} \int_{B_R} |Du|^2 dx$$
$$+ R^{m-2\sigma} \big(\|f\|^2_{L^{2,m+2-2\sigma}(K'')} + \|F\|^2_{\mathcal{L}^{2,m+2\sigma}(K'')} \big) \Big]. \quad (4.3.22)$$

次に,

$$\phi(r) := \int_{B_r} |Du - (Du)_r|^2 dx$$
$$k_{f,F} := \|f\|^2_{L^{2,m+2\sigma-2}(K'')} + \|F\|^2_{\mathcal{L}^{2,m+2\sigma}(K'')}$$

とおけば, (4.3.18), (4.3.21), (4.3.22) より,

$$\phi(\rho) \leq 4c_0 \left(\frac{r}{R} \right)^{m+2} \phi(R)$$
$$+ 4c_1 L_A^2 R^{2\sigma} \int_{B_R} |Du|^2 dx + c_1 k_{f,F} R^{m+2\sigma} \quad (4.3.23)$$

を得る.

また, 任意の $\varepsilon \in (0,1)$ に対して $L^{2,m-2\varepsilon} \cong \mathcal{L}^{2,m-2\varepsilon} \supset \mathcal{L}^{2,m+2\sigma}$ であるから, 前定理の仮定は $\tau = m - 2\varepsilon$ としてすべて満たされている. したがって, (4.3.9) より,

$$\int_{B_R} |Du|^2 dx \leq c_2 R^{m-2\varepsilon} \big(\|Du\|^2_{L^2(K'')}$$
$$+ \|f\|_{L^{2,m-2\varepsilon-2}(K'')} + \|F\|^2_{L^{2,m-2\varepsilon}(K'')} \big)$$
$$\leq c_3 R^{m-2\varepsilon} \big(\|Du\|^2_{L^2(K'')}$$
$$+ \|f\|_{L^{2,m+2\sigma-2}(K'')} + \|F\|^2_{\mathcal{L}^{2,m+2\sigma}(K'')} \big)$$

が成り立つ. 最後の不等式では $L^{2,m-2\varepsilon} \cong \mathcal{L}^{2,m-2\varepsilon} \supset \mathcal{L}^{2,m+2\sigma}$ であることを再び用いた. ここで, $k_0 := \|Du\|^2_{L^2(K'')}$ とおけば,

$$\int_{B_R} |Du|^2 dx \leq c_3 R^{m-2\varepsilon} (k_0 + k_{f,F})$$

を得る. これを (4.3.23) に代入すると,

$$\phi(\rho) \leq 4c_0 \left(\frac{r}{R}\right)^{m+2} \phi(R)$$

$$+ 8c_1 c_3 L_A^2 R^{m+2\sigma-2\varepsilon}(k_0 + k_{f,F}) + c_1 k_{f,F} R^{m+2\sigma}$$

$$\leq c_4 \left[\left(\frac{r}{R}\right)^{m+2} \phi(R) + (k_0 + k_{f,F}) R^{m+2\sigma-2\varepsilon}\right]$$

を得るので，補題 4.3.1 より，ある定数 c_5 が存在して，

$$\phi(\rho) \leq c_5 \rho^{m+2\sigma-2\varepsilon}[R^{-m-2\sigma+2\varepsilon}\phi(R) + (k_0 + k_{f,F})] \quad (4.3.24)$$

が任意の $0 < \rho \leq R \leq R_1$ に対して成立する．一方，$\phi(R) \leq k_0$ なので，(4.3.24) を $R = R_1$ に対して用いて，

$$\rho^{-m-2\sigma+2\varepsilon}\phi(\rho) \leq c_5[R_1^{-m-2\sigma+2\varepsilon}k_0 + k_0 + k_{f,F}]$$

$$< c_5(1 + R_1^{-m-2\sigma+2\varepsilon})[k_o + k_{f,F}]$$

を得る．これより，ρ に依存しない正定数，

$$k_1 = k_1(m, n, \lambda, \Lambda, L_A, k_0, k_{f,F}, \sigma, \varepsilon)$$

が存在し，

$$[Du]_{2,m+2\sigma-2\varepsilon,K'} \leq k_1 \quad (4.3.25)$$

となり，したがって，定理 4.1.6 より，$Du \in C^{0,\sigma-\varepsilon}$ となることが分かる．

この "$-\varepsilon$" が目障りなので，ここからもうひと頑張りして，$Du \in C^{0,\sigma}$ を導こう．$\int_{B_R} |Du|^2 dx$ に対する評価が改善されれば，ヘルダー連続性が上がるので，今得られた Du の $(\sigma - \varepsilon)$-ヘルダー連続性を用いて，この積分量を評価することを考える．まず，$\varepsilon \in (0,1)$ は任意なので，$\varepsilon = \sigma/2$ としておこう．(4.1.31) と (4.3.25) より，

$$[Du]_{\sigma/2,K'}^2 \leq c_6[Du]_{2,m+\sigma,K'}^2 \leq c_6 k_1^2 \quad (4.3.26)$$

となる．ここでの k_1 は $\varepsilon = \sigma/2$ に対するものである．

一方，$f \in C^0(K')$ とするとき，$f(x_1) = \fint_{K'} f dx$ となる $x_1 \in K'$ は必ず存在するので，

$$\sup_{K'} |Du| \leq Du(x_1) + (\operatorname{diam} K')^{\sigma/2}[Du]_{\sigma/2,K'}$$

$$\leq (\operatorname{diam} K')^{\sigma/2}[Du]_{\sigma/2,K'} + \fint_{K'} |Du| dx$$

4.3 連続係数の場合 ◀ *091*

が成り立つ．ここで，c_8 は m と K' に依存して定まる．この評価と (4.3.26) より，

$$\int_{B_R} |Du|^2 dx \leq \omega_m R^m \sup_{K'} |Du|^2$$
$$\leq 2\omega_m R^m \left[(\operatorname{diam} K')^\sigma c_6 k_1 + |K'|^{-1} \|Du\|_{L^2(K'')}^2 \right]$$
$$\leq c_8 R^m (k_1 + k_{f,F}) \qquad (4.3.27)$$

を得る．これを用いて，(4.3.23) より，

$$\phi(\rho) \leq 4c_0 \left(\frac{\rho}{R} \right)^{m+2} \phi(R) + 8c_1 c_8 (L_A^2 + 1) R^{m+2\sigma} (k_1 + k_{f,F})$$

が成り立つことが分かる．ここで改めて補題 4.3.1 を用いると，

$$\phi(\rho) \leq c_9 \rho^{m+2\sigma} \left[R_1^{-(m+\sigma)} \phi(R_1) + k_1 + k_{f,F} \right] \qquad (4.3.28)$$

を得る．さらに，ϕ, k_0, $k_{f,F}$ の定義を思い出せば，任意の $x_0 \in K$ と $0 < \rho \leq R_1$ に対して，

$$\rho^{-(m+2)\sigma} \int_{B(x_0,\rho)} |Du - (Du)_\rho|^2 dx$$
$$\leq c_{10} \big(\|Du\|_{L^2(K'')}^2 + \|f\|_{\mathcal{L}^{2,m+2\sigma-2}(K'')}^2$$
$$+ \|F\|_{\mathcal{L}^{2,m+2\sigma}(K'')}^2 \big) \qquad (4.3.29)$$

となることが分かる．定理の結論はこの評価（右辺は有限な値であることに注意）とカンパナートの定理（定理 4.1.6）およびその証明中の (4.1.31) より従う． $\qquad\square$

4.4 有界係数の場合：反例

前節の定理より，大雑把に言って，主要項の係数 $A(x) = (A_{ij}^{\alpha\beta})$ が連続なら線形方程式 (4.3.8) の弱解 u はヘルダー連続となり，$A(x)$ がヘルダー連続なら Du もヘルダー連続となることが分かった．さらに $A(x)$ が $C^{1,\alpha}$, $C^{2,\alpha}$, ... となれば，方程式を微分し，(4.3.5) を用いることにより，u の正則性も上がっていくことは容易に分かるであろう．逆に，係数が連続でない場合はどうであろうか？ 実は，

092 ▶ **4** 弱解の $C^{0,\alpha}$-評価，$C^{1,\alpha}$-評価

ここに単独方程式と方程式系の大きな相違点がある．単独方程式，すなわち $n = 1$ の場合に対しては有名なデ ジョルジ[35]–ナッシュ[36]の定理が成り立つ．本書では単独方程式の場合は扱わないので，以下にこの定理を単純化して，方程式が主要項のみの形で述べる．実際には低階項がついても成り立つが，それらに対する条件もすべて書くとなると，面倒な上，かなりのスペースを使ってしまう（このように偉大な定理を，単純化して一番簡単な場合に対してのみ述べるのは，正直なところかなりうしろめたいが···）．正確には，例えば，[10, Theorem 8.22] を参照されたい．

定理 4.4.1（デ ジョルジ–ナッシュ [2,17]） $A(x) = (A^{\alpha\beta}(x))$ はある $0 < \lambda \leq \Lambda$ に対して，

$$\lambda|\xi|^2 \leq A^{\alpha\beta}(x)\xi_\alpha\xi_\beta \leq \Lambda|\xi|^2$$

をすべての $(x, \xi) \in \Omega \times \mathbb{R}^m$ で満たしていると仮定する．$u \in W^{1,2}(\Omega)$ を方程式，

$$D_\alpha\big(A^{\alpha\beta}(x)D_\beta u\big) = 0 \quad (\beta = 1, ..., m)$$

の弱解とする．このとき，ある $\gamma \in (0,1)$ に対して，$u \in C^{0,\gamma}(\Omega)$ となる．

この定理を用いれば，例えば，

$$D_\alpha\big(A^{\alpha\beta}(x, u, Du)D_\beta u^j\big) = 0$$

というような楕円形非線形方程式でも，$A^{\alpha\beta}(x, u, \xi)$ が有界でありさえすれば弱解 u のヘルダー連続性が得られる．すなわち，この定理には，乱暴な言い方をすれば，主要項の非線形性を無力化してしまうくらいの威力がある．「非線形楕円形方程式の弱解の正則性理論における最終兵器」と言っても過言ではない···かもしれない．

一方，$n \geq 2$ の場合に対しては，この定理は成り立たない．それを示す反例もデ ジョルジによって与えられている．

例 4.4.2（デ ジョルジ [3]） $B = B(0,1) \subset \mathbb{R}^m$ $(m \geq 3)$，$u \in W^{1,2}(B, R^m)$ に対して定義された汎関数，

[35] Ennio De Giorgi (1928–1996)．20 世紀のイタリアを代表する偉大な数学者の一人．特に変分問題，非線形方程式の分野で偉大な業績を数多く残した．また，いわゆる「知識人の責任」を強く意識し，人権活動等にも力を注いだ．

[36] John Forbes Nash, Jr. (1928–2015)．De Giorgi-Nash の定理の他，Nash の埋蔵定理（微分幾何学），Nash 均衡（ゲーム理論）等々，多くの分野で決定的な業績を残した天才．一時統合失調症にかかっていたが，後に回復し，ゲーム理論での業績に対して 1994 年ノーベル経済学賞を受賞．おそらくノーベル賞を受賞した唯一の数学者．彼の半生を描いた映画 "Beautiful mind" はアカデミー賞を受賞した．2015 年アーベル賞授賞．オスロでの授賞式から帰国後，空港から自宅へ向かうために乗ったタクシーの事故により，夫人とともに亡くなる．最高の栄光と最悪の不運！ なんという人生であろうか！

$$\mathcal{F}_0(u) := \int_B \Big\{ |Du|^2 +$$
$$+ \Big[\sum_{i,\alpha=1}^m \Big((m-2)\delta_{i\alpha} + m\frac{x^i x^\alpha}{|x|^2} D_\alpha u^i \Big)^2 \Big] dx$$

を考える. この汎関数のオイラー–ラグランジュ方程式は,

$$A_{ij}^{\alpha\beta}(x) := \delta_{\alpha\beta}\delta_{ij} + \Big[(m-2)\delta_{\alpha i} + m\frac{x^i x^\alpha}{|x|^2} \Big]$$
$$\times \Big[(m-2)\delta_{\beta j} + m\frac{x^j x^\beta}{|x|^2} \Big]$$

とおいて,

$$D_\alpha \big(A_{ij}^{\alpha\beta}(x) D_\beta u^j \big) = 0 \quad (j = 1, 2, ..., m) \tag{4.4.1}$$

で与えられる. $A(x) = (A_{ij}^{\alpha\beta}(x))$ は有界であり, ルジャンドル条件を満たしている. しかし, $W^{1,2}(B, \mathbb{R}^m)$ に属す非有界な関数,

$$u_0(x) := \frac{x}{|x|^r}, \quad r := \frac{m}{2}\big[1 - ((2m-2)^2 + 1)^{-1/2} \big]$$

は (4.4.1) の弱解となっている. すなわち, 有界な係数を持つ楕円形方程式の弱解は, 必ずしも連続でない (それどころか, 有界ですらない) ことが分かる.

一般に, ある汎関数の最小点となっていれば, オイラー–ラグランジュ方程式の弱解となるので, 最小点であるほうが条件としては強く, 正則性についてもそれだけより強い結果が得られることが期待できる (実際, いくつかの場合に対して, オイラー–ラグランジュ方程式の弱解になっているというだけの仮定では得られない結果が, 最小点に対しては得られている). しかし, 最小点に対してもやはり次に挙げるジュスティ[37]–ミランダ[38]による反例が知られている.

例 4.4.3 (ジュスティ–ミランダ [13]) デ ジョルジによる反例と同様 $m \geq 3$ に対し $u: B(\subset \mathbb{R}^m) \to \mathbb{R}^m$ に対して, 定義された汎関数,

$$\mathcal{F}_1(u) := \int_B \Big[|Du|^2 + \Big\{ \sum_{\alpha,i=1}^m \Big(\delta_{\alpha i} + \frac{4}{m-2}\frac{u^\alpha u^i}{1+|u|^2} \Big) D_\alpha u^i \Big\}^2 \Big] dx$$

[37] Enrico Giusti (1940–). 非線形楕円形方程式, とりわけ極小曲面の方程式の研究等で大きな業績を残しているイタリアの数学者. 特に, Bombieri, De Giorgi と共著の Bernstein 問題に関する論文は有名. 1980 年代頃からは数学史の研究者としても活躍.

[38] Mario Miranda (1937–). 非線形楕円形方程式, 特に極小曲面の方程式の研究等で大きな業績を残しているイタリアの数学者.

を考える. 十分大きな m に対して $W^{1,2}(B, \mathbb{R}^m)$ において,

$$u_0(x) := \frac{x}{|x|}$$

が $\mathcal{F}_1$ の最小点となる. この $u_0(x)$ は値域側の $\mathbb{R}^m$ の単位球の赤道上に値を持つため, **赤道写像 (equator map)** と呼ばれる. $\mathcal{F}_1$ のオイラー–ラグランジェ方程式の係数は u のみの関数であり, 有界であるのみならず, u の関数として実解析的ですらある.

　これらの反例より, $n \geq 2$ の場合は, 一般には弱解や汎関数の最小点の連続性は必ずしも得られないことが分かる. しかし, これらの例では不連続点はいずれも 0-次元集合 $\{0\}$ である. したがって, 特異点の集合は「そんなに大きくはないのではないか」とも思え,「小さな集合を除いての正則性なら得られるのではないか」と期待したくなる. 第 6 章では, この問題を扱う. 次章はそのために必要となる, 汎関数の最小点を与える写像の 1 階微分 Du 積分可能性を「上げる」定理を示す.

4.4　有界係数の場合：反例　◀　*095*

5 逆ヘルダー不等式と Higher Integrability

　本書の最終目標は，次のような汎関数の最小点となる関数の部分正則性（ある意味で「小さい」集合を除いた部分集合上での正則性）を得る方法を解説することである．

$$\mathcal{Q}(u; D) := \int_D A_{ij}^{\alpha\beta}(x, u) D_\alpha u^i D_\beta u^j dx$$

$A(x, u) = (A_{ij}^{\alpha\beta}(x, u))$ は，前章と同様，ルジャンドル条件を満たし，ある凹関数 $\omega_A : [0, \infty) \to [0, \infty)$ で $\lim_{t \to 0} \omega(t) = 0$ となるものに対して，

$$|A(x, u) - A(y, v)| \leq \omega_A(|x - y|^2 + |u - v|^2)$$

を満たしているとしよう．

　さて，この汎関数のオイラー–ラグランジュ方程式は，

$$D_\alpha\big(A_{ij}^{\alpha\beta}(x, u) D_\beta u^j\big) - \frac{\partial A_{kj}^{\alpha\beta}}{\partial u^i}(x, u) D_\alpha u^k D_\beta u^j = 0$$

となり，係数に未知関数 u を含む非線形偏微分方程式系[39]となる．

　上の方程式を，前章と同様の方針で扱おうとする場合を考えてみよう．$x_0 \in \Omega$ を一つとり，係数の変数を二つとも固定して，

$$D_\alpha\big(A_{ij}^{\alpha\beta}(x_0, u_R) D_\beta u^j\big) = 0$$

という線形方程式の解 v を考え，$D(u - v)$ を評価することになるだろう．極めて大雑把に考えて，(4.3.12) と同様の式変形を行い，(4.3.16) の右辺第 1 項の代わりに，

$$\int_{B(x_0, R)} \omega_A(R^2 + |u(x) - u_R|^2) |Du|^2 dx$$

[39] 非線形偏微分方程式は非線形性の度合いによって名称が分かれていて，この程度の非線形性だと，「準線形 (semi-linear)」と呼ばれているが，十分難しい．

が現れることは，想像がつくと思う（実際はもっと厄介である）．ω_A の中に $|u(x) - u_R|$ があるので，有界性を用いて単純に (4.3.16) でのように簡単に積分の前に出してしまうと，u の連続性が得られているわけではないので，R をいくら小さくとっても ω_A は小さくなってくれない．したがって，せめて積分が「かかったまま」の形で前に出したい．そのためには，ヘルダーの不等式を使いたい．ところが，Du の可積分性に関しては，$Du \in L^2$ しか仮定していないので，ヘルダーの不等式を用いるためには指数に余裕がない．そこで，Du の可積分性を「上げる」ことが必要となる．本章の目標は，この $|Du|$ の可積分性を「上げる」ことである．まず，そのための準備から始める．

なお，本章のタイトルにある higher integrability は適当な訳語が見つからず，やむをえずそのまま用いることにした．「高次可積分性」としようかとも考えたが，英語の比較級のニュアンスがなく，本来の意味と違う印象を与えるのではないかと思えた．

5.1 準備：カルデロン–ジグムント立方体，ルベーグ– スティルチェス積分 etc.

準備的な内容は，できるだけ第 1 章にまとめたが，逆ヘルダー不等式の証明のために必要なカルデロン–ジグムント立方体，ルベーグ–スティルチェス積分等は，内容がやや難解なこともあり，使う直前にまとめることとした．

以下において，主に $\mathbb{R}^m$ の立方体上で議論することになるので記号をいくつか導入しておく．$x_0 \in \mathbb{R}^m$ と $r > 0$ に対して，

$$Q(x_0, r) := \{x \in \mathbb{R}^m \,;\, x_0^\alpha - r \le x^\alpha < x_0^\alpha + r, \ \alpha = 1, ..., m\}$$

とおき，x_0 を $Q(x_0, r)$ の**中心**，r を**半径**（違和感があるが，英語で radius と呼ぶので）と呼ぶことにする[40]．逆に，立方体 Q が与えられたとき，その半径を $r(Q)$ と書こう．立方体の「半径」は辺の長さの半分である．また，立方体 Q と $c > 0$ に対して，中心が同じで辺の長さが c 倍である立方体を $Q^{(c)}$ と書こう．

まず，いわゆる被覆定理と呼ばれるタイプの定理の一つを紹介する．

---

40) このように，本章で考える立方体は，2 次元で考えると，上と右の境界を含まず，下と左の境界を含んでいる．このようにする理由は，一つの立方体を互いに素な立方体に分割できるようにするためである．

補題 5.1.1 $\mathcal{Q}$ を立方体の族で，$\sup\{r(Q)\,;\,Q \in \mathcal{Q}\} =: L < +\infty$ を満たすものとする．このとき，高々可算個の互いに素な立方体からなる部分族 $\Gamma = \{P_i\}$ で次を満たすものが存在する．

$$\bigcup_{i=1}^{\infty} P_i^{(5)} \supset \bigcup_{Q \in \mathcal{Q}} Q.$$

　証明は，例えば [12, p.69, Lemma 2.4] を見よ．

　次にカルデロン–ジクムント[41] の名を冠した多くの有名な定理のうちの一つを紹介する．この定理については，証明が定理の内容の理解の助けとなると思われるので，証明を付ける．

定理 5.1.2（カルデロン–ジクムント） Q を $\mathbb{R}^m$ の立方体，f を $L^1(Q)$ に属す非負関数とする．

$$\fint_Q f(x)dx \le t$$

となる $t \in \mathbb{R}$ に対して，各辺が Q のいずれかの辺と平行で，互いに素な高々加算個の立方体の列 $\{Q_j\}$ で，次の二つを満たすものがとれる．

(i) 各 Q_j 上で，$t \le \fint_{Q_j} f(x)dx \le 2^m t$ となる．

(ii) $Q \setminus \bigcup Q_j$ 上ほとんどいたるところで $f(x) \le t$ となる．

この立方体の列 $\{Q_j\}$ を**カルデロン–ジグムント立方体**と呼ぶ．

証明 まず，Q の各辺を 2 等分し，2^m 個の立方体に分割する．こうしてできた立方体の一つを P としよう．t の選び方と，$|P| = 2^{-m}|Q|$ であることより，

$$\fint_P f(x)dx \le 2^m t \tag{5.1.1}$$

である．もし，そうでなければ，

$$\fint_Q fdx = \frac{1}{|Q|}\int_Q f(x)dx \ge \frac{1}{|Q|}\int_P f(x)dx \ge \frac{|P|}{|Q|}\fint_P f(x)dx > t$$

となってしまう．次に，これらの P のうち，

$$\fint_P f(x)dx \le t \tag{5.1.2}$$

[41] Alberto Pedro Calderón (1920 –1998). アルゼンチン人数学者．

Antoni Zygmund (1900 –1992). ポーランド人数学者．ともにアメリカのシカゴ大で活躍し，実解析，調和解析の分野を中心に多大な功績を残した．彼らによる特異積分論は「カルデロン–ジグムント理論」と呼ばれている．

5.1　準備：カルデロン–ジグムント立方体，ルベーグ–スティルチェス積分 etc. ◀ *099*

となっているものを同様に 2^m 個の立方体に分割し，そうでないものはこれ以上分割しない．このステップで分割をやめた立方体 P では，(5.1.1) が成り立ち，(5.1.2) が成り立たないので，この定理の主張の (i) を満たしている．この分割を無限回繰り返して（もしくは有限回で終わるかもしれない）できた立方体の列を $\{Q_j\}$ としよう．各 Q_j は一つ前のステップのある立方体の分割によって作られるので，その立方体 P を $\tilde{Q}_j$ と書くことにすると，$\tilde{Q}_j$ ははじめに決めたルールに従って分割されたので，

$$\fint_{\tilde{Q}_j} f(x)dx \le t$$

を満たしている．これより，この証明のはじめの議論を繰り返して，

$$\fint_{Q_j} f(x)dx \le t2^m$$

でなければならないことが分かる．また，Q_j はこれ以上分解していないので，

$$\fint_{Q_j} f(x)dx \ge t$$

となっていなければならない．以上より，各 Q_j は (i) を満たしていることが分かる．

次に $x \in Q \setminus \bigcup Q_j$ をとると，それがどの Q_j の面（境界）上にもなければ，分割される無限個の立方体 P の列に含まれる．（もし，有限回のステップで終わっていたら，$Q \setminus \bigcup Q_j$ は有限個の Q_j の面のみからなる）．この列を $\{P_k\}$ としよう．このとき，

$$\delta_k := \operatorname{diam}(P_k) \to 0$$

であり，また，$\bar{B}(x, \delta_k) \supset P_k$ となるので，定理 1.1.7 により，測度 0 の集合を除いて，

$$\lim_{k \to \infty} \fint_{P_k} |f(y) - f(x)|dy$$
$$\le C(m) \lim_{k \to \infty} \fint_{B(x, \delta_k)} |f(y) - f(x)|dx = 0$$

となる．したがって，

$$f(x) = \lim_{k \to \infty} \fint_{P_k} f(x)dx \le t$$

を満たす.

一方，Q_j の面は測度 0 なので，そのすべて（可算個）の合併集合も測度 0 である.

以上より，(ii) が成り立つことも分かる. □

本書で用いるのは，この定理より得られる次の系である.

系 5.1.3 ([7, Proposition 6.19])　$Q \in \mathbb{R}^m$ を立方体，$f \in L^1(Q)$ とし，

$$\fint_Q |f| dx \le t$$

とする．さらに，$\{Q_i^t\}$ を $|f|$ と t に対するカルデロン–ジグムント立方体とする．このとき，任意の $\beta \in (0, 1)$ に対して，

$$\frac{1}{2^m t} \int_{\{x \in Q \ ; \ |f(x)| > t\}} |f(x)| dx \le \sum_j |Q_j^t|$$

$$\le \frac{1}{(1 - \beta) t} \int_{\{x \in Q \ ; \ |f(x)| > \beta t\}} |f(x)| dx \qquad (5.1.3)$$

が成り立つ.

証明　定理 5.1.2 の (ii) より，

$$|\{x \in Q \ ; \ |f(x)| > t\} \setminus \bigcup_j Q_j^t| = 0$$

であることに注意し，さらに (i) も用いて，

$$\int_{\{x \in Q \ ; \ |f(x)| > t\}} |f(x)| dx \le \int_{\bigcup Q_j^t} |f(x)| dx$$

$$\le \sum_j \int_{Q_j^t} |f(x)| dx \le 2^m t \sum_j |Q_j^t|$$

となることが分かり，(5.1.3) のはじめの不等号が成り立つことが分かる．一方，積分領域を分割することにより，各 Q_j^t に対して，

$$t|Q_j^t| \le \int_{Q_j^t} |f(x)| dx$$

$$= \int_{Q_j^t \cap \{|f| > \beta t\}} |f(x)| dx + \int_{Q_j^t \cap \{|f| \le \beta t\}} |f(x)| dx$$

5.1　準備：カルデロン–ジグムント立方体，ルベーグ–スティルチェス積分 etc.　◀ *101*

$$\leq \int_{Q_j^t \cap \{|f|>\beta t\}} |f(x)|dx + \beta t |Q_j^t|$$

が成り立つので，これを j に関して足し合わせて第 2 項を移項することにより，(5.1.3) の 2 番目の不等号を得る． $\square$

次に，ルベーグ–スティルチェス積分の定義を述べ，本書で用いる基本的な性質を（証明を省略して）紹介する．なお，本来はより一般の枠組みで定義できるが，本書で必要となる場合に限定して定義を述べる．

定義 5.1.4 F を区間 $I \subset \mathbb{R}$ で定義された右連続な単調増加関数[42]とする．I 上で定義されたボレル測度 μ_F で，任意の $(c,d] \subset I$ に対して $\mu_F((a,b]) = F(b) - F(a)$ を満たすものがただ一つ存在する．この μ_F を，F が定める**ルベーグ–スティルチェス**[43]**測度**と呼び，この測度 μ_F による可測集合 J 上での積分を**ルベーグ–スティルチェス積分**と呼び，

$$\int_J f(t)d\mu_F, \quad \int_J f(t)dF(t)$$

などと書く．特に，J が区間 $(\alpha, \beta]$（または，$(\alpha, \beta), [\alpha, \beta), [\alpha, \beta]$ のいずれでもよい）$\subset I$ のときこの積分 $\int_J f(t)d\mu_F$ を，

$$\int_\alpha^\beta f(t)dF(t)$$

とも書く．

また，一般に F が（単調とは限らない）有界変動関数の場合は，二つの単調増加関数 F_1 と F_2 を用いて $F = F_1 - F_2$ と表し，F_i に対応する測度を μ_{F_i} として，

$$\int_J f(t)dF(t) := \int_J f(t)d\mu_{F_1} - \int_J f(t)d\mu_{F_2}$$

と定義する．

本書で用いるのは F が単調減少の場合であり，上の表現を用いれば $F_1 = 0$，$F_2 = -F$，すなわち，

$$\int_J f(t)dF(t) = - \int_J f(t)f d\mu_{-F} \tag{5.1.4}$$

[42] "$s \leq t \Rightarrow F(s) \leq F(t)$" を満たすとき F は単調増加であると言う．文献によってはこれを単調非減少と言い，"$s < t \Rightarrow F(s) < F(t)$" のときを単調増加と呼んでいるものもある．今日の多くの文献では，後者を狭義単調増加と呼んでいる．

[43] Thomas Jan Stieltjes (1856–1894). オランダの数学者．特に連分数の研究で知られている．

として考えるので，少々厄介である．

　以下の計算において用いる命題は，基本的に次の二つである．

　次の命題は，置換積分に対応する．

命題 5.1.5 ([21, p.149–150, 定理 20.1])　μ_1 を $\mathbb{R}$ 上のボレル測度，$\psi(t)$ を $\mathbb{R}$ 上の非負関数で μ_1 について可積分とする．μ_Ψ を，$\alpha < \beta$ に対して，

$$\mu_\Psi((\alpha, \beta]) = \int_\alpha^\beta \psi(t) d\mu_1(t) \tag{5.1.5}$$

を満たすボレル測度とする．このとき，$\mathbb{R}$ 上の関数 $f(t)$ が μ_Ψ について可積分なことと，$f(t)\psi(t)$ が μ_1 について可積分なことは同値であり，$a < b$ に対して，

$$\int_a^b f(t) d\mu_\Psi = \int_a^b f(t)\psi(t) d\mu_1 \tag{5.1.6}$$

が成り立つ．

　次の命題は，部分積分の公式がルベーグ–スティルチェス積分にも成立することを示している．

命題 5.1.6 ([21, p.152, 定理 20.2])　区間 (a, b) 上で $G(t)$ は連続で有界変動，$f(t)$ は有界変動，すると，

$$\int_a^b f(t) dG(t) = G(b)f(b) - G(a)f(a) - \int_a^b G(t) df(t) \tag{5.1.7}$$

が成り立つ．特に，f が微分可能なときは，

$$\int_a^b f(t) dG(t) = G(b)f(b) - G(a)f(a) - \int_a^b G(t) f'(t) dt \tag{5.1.8}$$

となる．

注意 5.1.7　(5.1.7) は G と f に関して対称なので，命題の条件を逆にしても成立する．したがって，どちらか両方が有界変動かつ一方が連続なら (5.1.7) は成立する．

5.2 ▶ 逆ヘルダー不等式

　以上の予備知識の下で，ジャクインタ[44] とモディカ[45] による

[44] Mariano Giaquinta (1947–). 変分問題を専門とし，特に正則性理論において極めて重要な業績を残す．ICM(1986) 招待講演者．ピサの「エンニオ デ ジョルジ数学研究センター」の創立者・初代所長．たびたび来日し，日本人の知己も多い．

[45] Giuseppe Modica (1948 –). ジャクインタと長年共同研究を行い，多くの重要な結果を残しているイタリアの数学者．絶対に飛行機に乗らないため，残念ながら来日経験はない．

積分領域の増大を伴う逆ヘルダー不等式と呼ばれる重要な不等式を示そう．なお，これと同様の不等式が，より強い仮定の下で，ゲーリングによりすでに示されていたため，「局所化されたゲーリングの不等式」もしくは「ゲーリング型の不等式」と呼ばれることも多い（注意 5.2.4 参照）．

証明の方針は概ねジュスティの本 [12] に従い，いわゆる「行間を埋めた」ものとした（つもりである）．まず，次の補題を準備する．

補題 5.2.1 $h \geq r \geq 0$ と非負関数 $F \in L^h(Q)$ に対して，

$$D(t) := \{x \in Q \ ; \ F(x) > t\}, \tag{5.2.1}$$

$$\varphi(t) = \int_{D(t)} F^r(x) dx \tag{5.2.2}$$

とおく．このとき，

$$\int_{D(s)} F^h(x) dx = -\int_s^\infty t^{h-r} d\varphi(t) \tag{5.2.3}$$

が成り立つ．

証明 まず，$\sup_Q F := K < +\infty$ と仮定して証明する．

簡単な等式，

$$(h-r)F^r(x) \int_s^{F(x)} t^{h-r-1} dt = F^h(x) - s^{h-r} F^r(x) \tag{5.2.4}$$

の両辺を $D(s)$ 上で積分することにより，

$$
\begin{aligned}
&\int_{D(s)} F^h(x) dx \\
&= s^{h-r} \int_{D(s)} F^r(x) dx \\
&\qquad + (h-r) \int_{D(s)} \left[F^r(x) \int_s^{F(x)} t^{h-r-1} dt \right] dx \tag{5.2.5}
\end{aligned}
$$

が成り立つ．右辺第 2 項を計算しよう．$D(t)$ の特性関数を χ_t とおくと，$t \geq F(x)$ となる t に対して $\chi_t(x) = 0$ となることから，フビニの定理，(5.1.7) を用いて，

$$\int_{D(s)} \left[F^r \int_s^{F(x)} t^{h-r-1} dt \right] dx$$

104 ▶ **5** 逆ヘルダー不等式と Higher Integrability

$$
\begin{aligned}
&= \int_{D(s)} \Big[F^r \int_s^{K+1} t^{h-r-1} \chi_t(x) dt \Big] dx \\
&= \int_s^{K+1} t^{h-r-1} \Big[\int_{D(t)} F^r dx \Big] dt \\
&= \int_s^{K+1} t^{h-r-1} \varphi(t) dt \\
&= -\frac{1}{h-r} s^{h-r} \varphi(s) - \frac{1}{h-r} \int_s^{K+1} t^{h-r} d\varphi(t) \\
&= -\frac{1}{h-r} s^{h-r} \int_{D(s)} F^r dx - \frac{1}{h-r} \int_s^{+\infty} t^{h-r} d\varphi(t) \quad (5.2.6)
\end{aligned}
$$

を得る. この 4 番目の等号で (5.1.7) と $\varphi(K+1) = 0$ となること
を, また最後の等号では $t \geq K+1$ で $\varphi(t) = 0$ となることを用い
た[46]. (5.2.5) に (5.2.6) を代入すれば (5.2.3) を得る.

次に, $\sup_Q F < +\infty$ という仮定を外そう. F に対して,

$$
F_K(x) := \begin{cases} F(x) & (F(x) \leq K) \\ K & (F(x) > K) \end{cases}
$$

とおく. さらに,

$$
D_K(t) := \{x \in Q \; ; \; F_K(x) > t\}, \quad \varphi_K(t) := \int_{D_K(t)} F_K^r(x) dx
$$

とおくと,

$$
D_K(t) = \begin{cases} \{x \in Q \; ; \; F(x) > t\} = D(t) & (t < K) \\ \emptyset & (t \geq K) \end{cases}
$$

であることと, $D(K)$ 上で $F_K = K$ であることに注意して,

$$
\varphi_K(t) = \begin{cases} \begin{aligned} &\int_{D(t)} F_K^r dx \\ &= \int_{D(t) \setminus D(K)} F^r dx + K^r |D(K)| \\ &= \varphi(t) - \varphi(K) + K^r |D(K)| \end{aligned} & (t < K) \\ \\ 0 & (t \geq K) \end{cases} \quad (5.2.7)
$$

[46] $K+1$ の "1" には特に意味はない. $K+1$ でなくても K より大きな数なら何でもよい.

5.2 逆ヘルダー不等式 ◀ *105*

を得る.

さて, (5.2.3) が F_K に対して成り立つことはすでに示したので,

$$\int_{D^K(s)} F_K^h(x)dx = -\int_s^\infty t^{h-r}d\varphi_K(t) \qquad (5.2.8)$$

が成り立っている. s を固定して $K \to \infty$ とすれば, 左辺は $\int_{D(s)} F^h(x)dx$ に収束する. 右辺は, (5.1.8) を $G = \varphi_K$, $f = t^{h-r}$ として用いて,

$$\begin{aligned}
\int_s^\infty t^{h-r}d\varphi_K(t) &= \lim_{M \to \infty} \int_s^M t^{h-r}d\varphi_K(t) \\
&= \lim_{M \to \infty} \left(t^{h-r}\varphi_K(t)\Big|_{t=s}^{t=M} + (h-r)\int_s^M t^{h-r-1}\varphi_K(t)dt \right) \\
&= -s^{h-r}\varphi_K(s) - (h-r)\int_s^K t^{h-r-1}\varphi_K(t)dt \\
&= -s^{h-r}\big(\varphi(s) - \varphi(K) + K^r|D(K)|\big) \\
&\quad - (h-r)\int_s^K t^{h-r-1}\big(\varphi(s) - \varphi(K) + K^r|D(K)|\big)dt \\
&= -s^{h-r}\varphi(s) + K^{h-r}\varphi(K) - K^h|D(K)| \\
&\quad - (h-r)\int_s^K t^{h-r-1}\varphi(t)dt \\
&= -s^{h-r}\varphi(s) + K^{h-r}\varphi(K) - K^h|D(K)| \\
&\quad - t^{h-r}\varphi(t)\Big|_{t=s}^{t=K} + \int_s^K t^{h-r}d\varphi(t) \\
&= -K^h|D(K)| + \int_s^K t^{h-r}d\varphi(t) \qquad (5.2.9)
\end{aligned}$$

となる. ここで, 2 番目の等式では $t \geq K$ に対して $\varphi_K(t) = 0$ であることを, 3 番目の等式では (5.2.7) を用いた. $F \in L^h(Q)$ としていたので, $K \to \infty$ のとき, 最後の式の $K^h|D(K)|$ は 0 に収束する. したがって,

$$\int_s^\infty t^{h-r}d\varphi_K(t) \to \int_s^\infty t^{h-r}\varphi(t)dx \quad (K \to \infty) \qquad (5.2.10)$$

となり, (5.2.3) が一般の $F \in L^h(Q)$ に対しても成り立つことが分かる. $\qquad\square$

次に，この章で紹介する結果の証明の重要な部分を担っているゲーリングによる結果を紹介する．

命題 5.2.2（ゲーリング） ϕ, ω を $[a, \infty)$ 上で定義された有界変動な減少関数で，$\lim_{t\to\infty}\phi(t) = \lim_{t\to\infty}\omega(t) = 0$ を満たしているとする．さらに，ある定数 $A > 0$ と $0 < r < 1$ に対して，

$$-\int_t^\infty s^{1-r}d\phi(s) \le A[t^{1-r}\phi(t) + \omega(t)] \qquad (5.2.11)$$

がすべての $t \ge a$ で成り立つと仮定する．このとき，ある $q > 1$ に対して，次の不等式が成立する．

$$-\int_a^\infty u^{q-r}d\phi(u)$$
$$\le -2a^{q-1}\int_a^\infty u^{1-r}d\phi(u) - 2A\int_a^\infty u^{q-1}d\omega(u) \qquad (5.2.12)$$

証明 まず，ある $k > 0$ に対して，$s \ge k-1$ で $\phi(s) = \omega(s) = 0$ となっている場合を考え，$p > 0$ に対して，

$$I_p(s) := -\int_s^k u^p d\phi(u), \qquad J_p(s) := -\int_s^k u^p d\omega(u)$$

とおく．命題 5.1.5 を $d\mu_1 = d\mu_{-\phi}$, $\psi(u) = u^p$ として用いると，μ_{-I_p} が (5.1.5) を満たすので，$f(u)u^p$ が $d\phi$ に関して可積分となるような f に対して，

$$\int_s^k f dI_p = -\int_s^k f d\mu_{-I_p} = -\int_s^k f u^p d\mu_{-\phi} = \int_s^k f u^p d\phi$$

が成り立つ．ここで，ϕ, I_p ともに減少関数なので，はじめと最後の等号では (5.1.4) を用い，2 番目の等号で (5.1.6) を用いた．この関係式を $f = u^{q-1}$, $p = 1-r$ として用い，また部分積分の公式 (5.1.7) も用いて計算し，$I_p(k) = 0$ となることに注意すると，仮定 (5.2.11) より，

$$I_{q-r}(a) = -\int_a^k u^{q-1}u^{1-r}d\phi(u) = -\int_a^k u^{q-1}dI_{1-r}(u)$$
$$= a^{q-1}I_{1-r}(a) + (q-1)\int_a^k u^{q-2}I_{1-r}(u)du$$
$$\le a^{q-1}I_{1-r}(a) + (q-1)\int_a^k u^{q-2}A[u^{1-r}\phi(u) + \omega(u)]du$$

5.2 逆ヘルダー不等式 ◀ 107

$$
= a^{q-1}I_{1-r}(a) + A(q-1)\Big[\int_a^k u^{q-r-1}\phi(u)du
$$

$$
+ \int_a^k u^{q-2}\omega(u)du\Big] \qquad (5.2.13)
$$

となる．右辺の [ ] 内の第 1 項に部分積分の公式 (5.1.8) を，$G = u^{q-r}/(q-r)$（したがって，$dG = u^{q-r-1}du$），$f = \phi$ として用いると，

$$
\int_a^k u^{q-r-1}\phi(u)du
$$

$$
= -\frac{1}{q-r}a^{q-r}\phi(a) + \frac{1}{q-r}I_{q-r}(a) \leq \frac{1}{q-r}I_{q-r}(a) \quad (5.2.14)
$$

となり，同様に第 2 項は，

$$
\int_a^k u^{q-2}\omega(u)du \leq \frac{1}{q-1}J_{q-1}(a)
$$

と評価できるの．これらを用いて (5.2.13) より，

$$
I_{q-r}(a) \leq a^{q-1}I_{1-r}(a) + A\frac{q-1}{q-r}I_{q-r}(a) + AJ_{q-1}(a) \quad (5.2.15)
$$

を得るが，

$$
A\frac{q-1}{q-r} \leq \frac{1}{2} \quad (\Longleftrightarrow q \leq \frac{2A-r}{2A-1} \ (>1))
$$

となるように $q > 1$ を選ぶと，(5.2.15) より直ちに (5.2.12) を得る．

次に，証明のはじめにおいた仮定「ある $k > 0$ に対して，$s \geq k-1$ で $\phi(s) = \omega(s) = 0$」を外して一般の場合を考えよう．まず，

$$
-\int_k^T s^{1-r}d\phi(s) \geq -k^{1-r}\int_k^T d\phi(s) = k^{1-r}[\phi(k) - \phi(T)]
$$

より，$T \to \infty$ として，

$$
-\int_k^\infty s^{1-r}d\phi(s) \geq k^{1-r}\phi(k) \qquad (5.2.16)
$$

を得るが，仮定 (5.2.11) より，$k \to \infty$ のとき，左辺 $\to 0$ となるので，$\lim_{k\to\infty} k^{1-r}\phi(k) = 0$ となることに注意しておく．同様に，$\lim_{t\to\infty} k^{q-1}\omega(k) = 0$ である．さて，

108 ▶ **5** 逆ヘルダー不等式と Higher Integrability

$$\phi_k(t) = \begin{cases} \phi(t) & (t \le k) \\ 0 & (t > k) \end{cases}$$

とおき，ω_k も同様に定義する．

　まず，ϕ が ω に対して (5.2.11) を満たすとき，ϕ_k は ω_k に対して (5.2.11) を満たすことを見よう．ϕ_k と ω_k の定義より，$t > k$ に対しては (5.2.11) は自明であるから，$t \le k$ に対して示せばよい．ϕ が (5.2.11) を満たしているとき，(5.2.16) に注意して，

$$-\int_t^\infty s^{1-r} d\phi_k(s) = -\int_t^{k+1} s^{1-r} d\phi_k(s)$$

$$= -s^{1-r}\phi_k(s)\Big|_t^{k+1} + (1-r)\int_t^{k+1} s^{-r}\phi_k(s)ds$$

$$= t^{1-r}\phi_k(t) - 0 + (1-r)\int_t^k s^{-r}\phi(s)ds$$

$$= t^{1-r}\phi(t) + s^{1-r}\phi(s)\Big|_t^k - \int_t^k s^{1-r}d\phi(s)$$

$$= k^{1-r}\phi(k) - \int_t^k s^{1-r}d\phi(s) \tag{5.2.17}$$

$$\le -\int_t^\infty s^{1-r}d\phi(s)$$

$$\le A[t^{1-r}\phi(t) + \omega(t)] = A[t^{1-r}\phi_k(t) + \omega_k(t)] \tag{5.2.18}$$

となり，ϕ_k も ω_k に対して，確かに (5.2.11) を満たしている．したがって，前半で示したことより，(5.2.12) が ϕ_k に対して成り立ち，

$$-\int_a^\infty u^{q-r} d\phi_k(u)$$

$$\le 2a^{q-1}\int_a^\infty u^{1-r}d\phi_k(u) - 2A\int_a^\infty u^{q-1}d\omega_k(u) \tag{5.2.19}$$

を得る．一方，(5.2.17) と同様の計算を行うことにより，

$$-\int_a^\infty u^{q-r}d\phi_k(u) = k^{q-r}\phi(k) - \int_t^k u^{1-r}d\phi(u) \tag{5.2.20}$$

$$-\int_a^\infty u^{q-1}d\omega_k(u) = k^{q-1}\omega(k) - \int_a^k u^{q-1}d\omega(u) \tag{5.2.21}$$

となる．(5.2.19) に (5.2.17)，(5.2.20)，(5.2.21) を代入すれば，

5.2　逆ヘルダー不等式 ◀ *109*

$$- \int_a^k u^{1-r} d\phi(u)$$

$$\leq 2a^{q-1} \Big(k^{1-r}\phi(k) - \int_t^k u^{1-r} d\phi(u) \Big)$$

$$+ 2A \Big(k^{q-1}\omega(k) - \int_a^k u^{q-1} d\omega(u) \Big) \qquad (5.2.22)$$

を得る. $k \to \infty$ とするとき, (5.2.16) の直後に注意したように, $k^{1-r}\phi(k)$, $k^{q-1}\omega(k)$ はともに 0 に収束するので, 上の式で $k \to \infty$ とすれば, (5.2.12) を得る. $\qquad\square$

さて, かなり長い準備が終わったので, いよいよ本節の目的であるジャクインタとモディカによる逆ヘルダー不等式を述べよう.

定理 5.2.3 (ジャクインタ–モディカ [8]) 非負関数 $f \in L^1_{\mathrm{loc}}(\Omega)$, $g \in L^p_{\mathrm{loc}}(\Omega)$ $(p > 1)$ に対して, ある $0 < r < 1$, $B > 0$, R_0 が存在して, 任意の $y \in \Omega$ と $0 < R < \min\{R_0, \mathrm{dist}(y, \partial\Omega)/\sqrt{m}\}$ に対して,

$$\fint_{Q(y,R/2)} f dx \leq B \Big\{ \Big(\fint_{Q(y,R)} f^r dx \Big)^{\frac{1}{r}} + \fint_{Q(y,R)} g dx \Big\} \quad (5.2.23)$$

が成り立つとする. このとき, ある $1 < q < p$ が存在して, $f \in L^q_{\mathrm{loc}}(\Omega)$ となり, さらに, 任意の $\rho \in (0,1)$ に対して, ある定数 $C = C(m, r, q, \rho) > 0$ が存在して, 任意の $x_0 \in \Omega$, $0 < R < \min\{R_0, \mathrm{dist}(x_0, \partial\Omega)/\sqrt{m}\}$, に対して,

$$\fint_{Q(x_0,\rho R)} f^q dx \leq C \Big\{ \Big(\fint_{Q(x_0,R)} f dx \Big)^q + \fint_{Q(x_0,R)} g^q dx \Big\}$$
$$(5.2.24)$$

が成り立つ.

注意 5.2.4 仮定の不等式 (5.2.23) において積分領域の半径が右辺では左辺の $1/2$ となっていることに注意されたい. 両辺の積分領域が等しい形の仮定の下では, この定理と同様の結果はゲーリングによって先に示されていた. そのため, 先に述べたようにこの不等式は「ゲーリング型の不等式」と呼ばれることが多い. しかし, 本書で述べるような正則性理論においてこの結果を用いようとする場合, (5.2.23) で左辺の積分領域を右辺と同じ $Q(y,R)$ とした不等式を得

110 ▶ **5** 逆ヘルダー不等式と Higher Integrability

ることはまず不可能であり，この仮定の違いは本質的である．

証明 仮定の不等式，結論の不等式ともに，座標の平行移動と相似変換
に関して不変なので，$x_0 = 0$ とし，さらに $Q(x_0, R)$ を $Q := Q(0, 1)$，
$Q(x_0, \rho R)$ を $Q(\rho) := Q(0, \rho)$ としても，一般性を失わない．

証明はかなり長くなるので，三つのステップに分ける．

Step 1. $x \in Q$ に対して，$d(x) := \mathrm{dist}(x, \partial Q)$ とおき，Q を次の
ように加算個の小立方体に分割する．

(i) $k = 0, 1, 2, \ldots$ に対し，

$$C_k := \{x \in Q \; ; \; \frac{2}{3} \cdot 2^{-k-1} \le d(x) \le \frac{2}{3} \cdot 2^{-k}\}$$

とおく．

(ii) 各 C_k を，1辺が $\delta_k := \frac{2}{3} \cdot 2^{-k-1}$（ちょうど C_k の幅）である
ような小立方体に分割する．このようにしてできた小立方体の
全体を，各 k に対して，$\mathcal{G}_k$ とおく（図 5.1）．

このとき，

$$\mathcal{G} := \Big(\bigcup_{k=1}^{\infty} \mathcal{G}_k \Big) \cup \{Q(1/3)\}$$

とおくと，$\mathcal{G}$ は $\bigcup_{P \in \mathcal{G}} P = Q$ を満たし，Q の分割を与えている．

以下，「立方体」はすべてその各辺が Q のいずれかの辺と平行と
なっているもののみを考え，P，Q やそれに添え字を付けたものは
すべて，この性質を満たす立方体とする．また，$P \subset Q$ となる立方
体 P に対して，各辺の長さを2倍にした立方体を $P^{(2)}$ と書く．仮
定 (5.2.23) は，

$$\fint_P f dx \le B \Big\{ \Big(\fint_{P^{(2)}} f^r dx \Big)^{\frac{1}{r}} + \fint_{P^{(2)}} g dx \Big\}, \quad \forall P^{(2)} \subset Q \tag{5.2.25}$$

と書ける．

さて，この証明で考えている分割で重要な点は，各 C_k の幅 δ_k と，
C_k から ∂Q までの距離が等しいため，$P \subset C_k$ に対し，$P^{(2)} \subset Q$
となることである．したがって，$P \in \mathcal{G}$ に対して $P^{(2)} \subset Q$ は常に
満たされている．実際，$P \subset C_k$ のとき，$x \in P^{(2)}$ において，

$$\frac{1}{3} \cdot 2^{-k-1} \le d(x) \le \frac{5}{3} \cdot 2^{-k-1} \tag{5.2.26}$$

5.2 逆ヘルダー不等式 ◀ *111*

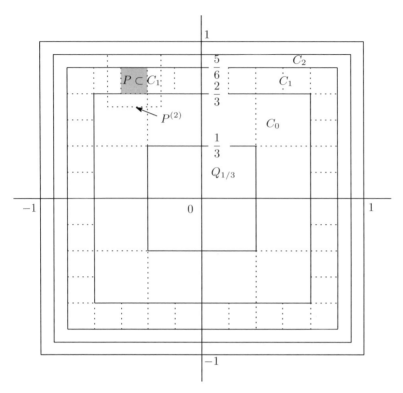

図 5.1

となり,また,$P \subset Q_{1/3}$ のときは,すべての $x \in P^{(2)}$ において,

$$\frac{1}{3} \leq d(x) \leq 1 \qquad (5.2.27)$$

となる.

次に,

$$F(x) := (d(x))^m f(x), \quad G(x) := (d(x))^m g(x) \qquad (5.2.28)$$

とおく[47].

$$\gamma_0(k) := \left(\frac{1}{3} \cdot 2^{-k-1}\right)^{-m}, \quad \gamma_1(k) := \left(\frac{5}{3} \cdot 2^{-k-1}\right)^m$$

とおくと,$\gamma_0(k) \cdot \gamma_1(k) = 5^m$ であり,(5.2.26) より,$P \in C_k$ に対して,任意の $x \in P^{(2)}$ において,

$$F(x) \leq \gamma_1(k) f(x), \quad f(x) \leq \gamma_0(k) F(x),$$

[47] なぜ,f, g の代わりにこれらを考えるのかは後で説明するが,これは重要なアイデアである.

$$G(x) \leq \gamma_1(k)g(x), \quad g(x) \leq \gamma_0(k)G(x),$$

となるので，任意の $P \subset C_k$ に対して，

$$\fint_P F dx \leq \gamma_1(k)\fint_P f dx$$

$$\leq \ \gamma_1(k)B\Big\{\Big(\fint_{P^{(2)}} f^r dx\Big)^{\frac{1}{r}} + \fint_{P^{(2)}} g dx\Big\}$$

$$\leq \ \gamma_1(k)B\Big\{\Big((\gamma_0(k))^r\fint_{P^{(2)}} F^r dx\Big)^{\frac{1}{r}} + \gamma_0(k)\int_{P^{(2)}} G dx\Big\}$$

$$\leq \ 5^m B\Big\{\Big(\fint_{P^{(2)}} F^r dx\Big)^{\frac{1}{r}} + \int_{P^{(2)}} G dx\Big\} \qquad (5.2.29)$$

となる．$P \subset Q_{1/3}$ のときは $x \in P^{(2)}$ に対して，$\frac{2}{3} \leq d(x) \leq 1$ が成り立つので，やはり (5.2.29) が成り立つ．以下，この $5^m B$ を b とおく．

Step 2. まず，

$$t_0 := \fint_Q f dx$$

とおき，$t > t_0$ に対して，

$$D(t) := \{x \in Q \ ; \ F(x) > t\}, \quad \Gamma(t) := \{x \in Q \ ; \ G(x) > t\}$$

とおく．このとき，ある定数 $A_0 > 0$ に対して，

$$\int_{D(t)} F dx \leq A_0\Big\{t^{1-r}\int_{D(t)} F^r dx + \int_{\Gamma(t)} G dx\Big\} \qquad (5.2.30)$$

が成り立つことを示す．

定数 $\lambda > 0$ は後で定めることとし，$s = \lambda t$ とおくと，$P \in \mathcal{G}_k$ に対して，t と t_0 のとり方，$|P| = (\frac{2}{3} \cdot 2^{-k-1})^m$ および $\sup_{x \in C_k} d(x) = \frac{2}{3} \cdot 2^{-k}$ であることより，

$$s \geq \lambda t_0 = \lambda\fint_Q f dx \geq \lambda\frac{|P|}{|Q|}\fint_P f dx$$

$$\geq \ \lambda\frac{1}{2^m} \cdot \Big(\frac{2}{3} \cdot 2^{-k-1}\Big)^m \cdot \Big(\frac{2}{3} \cdot 2^{-k}\Big)^{-m}\fint_P F dx$$

$$= \ \lambda 2^{-2m}\fint_P F dx \qquad (5.2.31)$$

を得る．したがって，$\lambda > 2^{2m}$ とおけば，

5.2 逆ヘルダー不等式 ◀ 113

$$s \geq \fint_P F dx \tag{5.2.32}$$

となる.また,$P = Q_{1/3}$ のときは,

$$s \geq \lambda \frac{|P|}{|Q|} \fint_P f dx = \lambda \frac{(2/3)^m}{2^m} \fint_P F dx$$

となるので,$\lambda > 2^{2m} > 3^m$ なら,やはり (5.2.32) が成り立つ.以下,$\lambda > 2^{2m}$ ととり,(5.2.32) がすべての $P \in \mathcal{G}$ で成り立つようにしておく[48].

さて,$\mathcal{G}$ は可算集合なので,$\mathcal{G}$ の元となる立方体に適当に番号を振って $\mathcal{G} = \{P_i \,;\, i \in \mathbb{N}\}$ としておく.各 $P_i \in \mathcal{G}$ に対して (5.2.32) が成り立つので,ここで定理 5.1.2 を各 $P_i \in \mathcal{G}$ に対して用いる.各 P_i の高々可算個の互いに素な集合による分割 $\{Q_{ij}\}$ で,

(i) $\qquad s \leq \fint_{Q_{ij}} F dx \leq 2^m s$

(ii) $\qquad F(x) \leq s \quad$ a.e. $x \in P_i \setminus \bigcup_j Q_{ij}$

を満たすものが存在する.一方,(5.2.29) より,

$$\fint_{Q_{ij}} F dx \leq 2b \left(\fint_{Q_{ij}^{(2)}} F^r dx \right)^{\frac{1}{r}} \tag{5.2.33}$$

か,または,

$$\fint_{Q_{ij}} F dx \leq 2b \fint_{Q_{ij}^{(2)}} G dx \tag{5.2.34}$$

の少なくともどちらか一方が成り立つ.それぞれが成り立つ場合に分けて議論する.

(I) (5.2.33) が成り立つ場合 Q_{ij} のとり方より,

$$s \leq \fint_{Q_{ij}} F dx \leq 2b \left(\fint_{Q_{ij}^{(2)}} F^r dx \right)^{\frac{1}{r}}$$

となっているので,

$$s^r |Q_{ij}^{(2)}| \leq (2b)^r \int_{Q_{ij}^{(2)}} F^r dx$$

となる.一方,$D(t)$ の定義より,

---

[48] ここで,(5.2.31) に現れる $|P|/|Q|$ は k に依存するので,f が (5.2.32) を満たすように λ を選ぼうとすると,λ が k に依存してしまう.これでは,以下で展開する議論が成り立たない.λ を k に依存せずにとれるようにするために,f, g の代わりに F, G をとったのである.

---

114 ▶ **5** 逆ヘルダー不等式と Higher Integrability

$$\int_{Q_{ij}^{(2)}} F^r dx \le \int_{Q_{ij}^{(2)} \cap D(t)} F^r dx + t^r |Q_{ij}^{(2)}|$$

となる．これらの不等式より，

$$(s^r - (2b)^r t^r)|Q_{ij}^{(2)}| \le (2b)^r \int_{Q_{ij}^{(2)} \cap D(t)} F^r dx$$

を得るが，$t = s/\lambda$ であったので，

$$s^r(1 - (2b)^r \lambda^{-r})|Q_{ij}^{(2)}| \le (2b)^r \int_{Q_{ij}^{(2)} \cap D(t)} F^r dx$$

となる．ここで，必要なら λ をさらに大きくとり直して，$(2b)^r \lambda^{-r} \le \frac{1}{2}$ を満たすとしてよいので，

$$|Q_{ij}^{(2)}| \le 2(2b)^r s^{-r} \int_{Q_{ij}^{(2)} \cap D(t)} F^r dx \qquad (5.2.35)$$

を得る．

(II) (5.2.34) が成り立つ場合 (5.2.34) と，

$$\int_{Q_{ij}^{(2)}} G dx \le \int_{Q_{ij}^{(2)} \cap \Gamma(t)} G dx + t|Q_{ij}^{(2)}|$$

より，(I) と同様に，

$$s\left(1 - \frac{2b}{\lambda}\right)|Q_{ij}^{(2)}| \le 2b \int_{Q_{ij}^{(2)} \cap \Gamma(t)} G dx$$

となることが分かる．やはり，必要なら λ をさらに大きくとり，$\frac{2b}{\lambda} < \frac{1}{2}$ となるようにしておけば，

$$|Q_{ij}^{(2)}| \le \frac{4b}{s} \int_{Q_{ij}^{(2)} \cap \Gamma(t)} G dx \qquad (5.2.36)$$

を得る．

以上より，(I)，(II) のいずれの場合でも，

$$\begin{aligned}
|Q_{ij}^{(2)}| &\le 2(2b)^r s^{-r} \int_{Q_{ij}^{(2)} \cap \Gamma(t)} F^r dx + \frac{4b}{s} \int_{Q_{ij}^{(2)} \cap \Gamma(t)} G dx \\
&\le \frac{4b}{s}\left(\lambda^{1-r} t^{1-r} \int_{Q_{ij}^{(2)} \cap \Gamma(t)} F^r dx + \int_{Q_{ij}^{(2)} \cap \Gamma(t)} G dx\right)
\end{aligned}$$

5.2 逆ヘルダー不等式 ◀ 115

$$\leq C\Big(t^{1-r}\int_{Q_{ij}^{(2)}\cap\Gamma(t)}F^r dx + \int_{Q_{ij}^{(2)}\cap\Gamma(t)}Gdx\Big) \quad (5.2.37)$$

となる．ここで，一般性を失うことなく $b,\lambda \geq 1$ とし，$C = 4b\lambda^{1-r}s^{-1}$ とおいた．

さて，Q_{ij} に改めて番号を振り直して添字を一つにし，Q_j $(j = 1,2,3,\dots)$ と書くこととする．カルデロン–ジグムント立方体のとり方より，各 Q_j 上で $\fint_{Q_j}Fdx \leq 2^m s$, $|D(s)\setminus(\bigcup_{j=1}^{\infty}Q_j)| = 0$ であり，また Q_j は互いに素であるから，

$$\int_{D(s)}Fdx = \int_{\bigcup Q_j}Fdx \leq 2^m s\Big|\bigcup_{j=1}^{\infty}Q_j\Big| \quad (5.2.38)$$

という不等式が成り立つ．

$\{Q_j^{(2)}\}$ は $\bigcup Q_j$ を被覆しているので，補題 5.1.1 より，$\{Q_j^{(2)}\}$ の互いに素な高々可算個の立方体からなる部分族 $\{Q_{j(k)}^{(2)}\}$ で，

$$\bigcup_{j=1}^{\infty}Q_j \subset \bigcup_{k=1}^{\infty}Q_{j(k)}^{(5)}$$

となるものが選べる．この包含関係より，

$$\Big|\bigcup_{j=1}^{\infty}Q_j\Big| \leq 5^m\sum_{k=1}^{\infty}|Q_{j(k)}^{(2)}|$$

となる．したがって，(5.2.37) と (5.2.38) より，

$$\begin{aligned}\int_{D(s)}Fdx &\leq 2^m s\Big|\bigcup_{j=1}^{\infty}Q_j\Big| \leq 2^m s 5^m\sum_{k=1}^{\infty}|Q_{j(k)}^{(2)}|\\ &\leq 2^m 5^m sC\sum_{k=1}^{\infty}\Big\{t^{1-r}\int_{Q_{j(k)}^{(2)}\cap D(t)}F^r dx + \int_{Q_{j(k)}^{(2)}\cap\Gamma(t)}Gdx\Big\}\\ &\leq 10^m sC\Big\{t^{1-r}\int_{D(t)}F^r dx + \int_{\Gamma(t)}Gdx\Big\} \quad (5.2.39)\end{aligned}$$

を得る．一方，$D(t)\setminus D(s)$ 上では $F \leq s$ なので，

$$\begin{aligned}\int_{D(t)\setminus D(s)}Fdx &\leq \int_{D(t)\setminus D(s)}F^{1-r}F^r dx \leq s^{1-r}\int_{D(t)\setminus D(s)}F^r dx\\ &\leq \lambda^{1-r}t^{1-r}\int_{D(t)\setminus D(s)}F^r dx \quad (5.2.40)\end{aligned}$$

116 ▶ 5 逆ヘルダー不等式と Higher Integrability

となる. $\max\{10^m sC, \lambda^{1-r}\}$ を A_0 とおけば, (5.2.39) と (5.2.40) より (5.2.30) を得る.

Step 3. 次に, $a = t_0$ とおき, $t \geq a$ に対して,

$$\phi(t) := \int_{D(t)} F^r dx, \quad \omega(t) := \int_{\Gamma(t)} G dx$$

とおくと, 補題 5.2.1 より,

$$-\int_a^\infty u^{1-r} d\phi(u) = \int_{D(a)} F dx,$$

となるので, (5.2.30) より, (5.2.11) が $A = A_0$ として成立することが分かる. したがって, 命題 5.2.2 を用いることができて (5.2.12) がある $q > 1$ に対して成立する. また, やはり補題 5.2.1 より,

$$-\int_a^\infty u^{q-r} d\phi(u) = \int_{D(t)} F^q dx, \quad -\int_a^\infty u^{q-1} d\omega(u) = \int_{\Gamma(t)} G^q dx$$

となることに注意すると, (5.2.12) より,

$$\int_{D(a)} F^q dx \leq 2a^{q-1} \int_{D(a)} F dx + 2A_0 \int_{\Gamma(a)} G^q dx \qquad (5.2.41)$$

となることが導かれる. 一方, 明らかに,

$$\int_{Q \setminus D(a)} F^q dx \leq a^{q-1} \int_{Q \setminus D(a)} F dx \qquad (5.2.42)$$

となる. (5.2.41) と (5.2.42) より,

$$\int_Q F^q dx \leq 2a^{q-1} \int_Q F dx + 2A_0 \int_Q G^q dx \qquad (5.2.43)$$

を得る.

最後に, (5.2.43) から, もとの f, g に対する式を導こう. $0 < \rho < 1$ を任意に固定する. $Q(\rho)$ 上で $1 \geq d(x) \geq 1 - \rho$ であることに注意すると, $F(x) \geq (1 - \rho)^m f(x)$ が $Q(\rho)$ 上で成り立っているので, (5.2.43) より直ちに,

$$(1 - \rho)^m \int_{Q(\rho)} f^q dx \leq 2a^{q-1} \int_Q f dx + 2A_0 \int_Q g^q dx$$

を得る. ここで, Q 上で常に $d(x) \leq 1$, したがって $F \leq f$,

5.2　逆ヘルダー不等式 ◀ *117*

$G \le g$ であることも用いた. 上の式の両辺を $|Q| = 2^m$ で割ると, $|Q(\rho)| = \rho^m |Q|$ に注意して,

$$\rho^m (1-\rho)^{qm} \fint_{Q(\rho)} f^q dx \le 2a^{q-1} \fint_Q f dx + 2A_0 \fint_Q g^q dx$$

を得る. 次に, $a = t_0 = \fint_Q f dx$ であったことに注意すると, ある定数 $C_0 = C_0(m, q, r, B, \rho)$ に対して,

$$\fint_{Q(\rho)} f^q dx \le C_0 \Big\{ \Big(\fint_Q f dx \Big)^q + \fint_Q g^q dx \Big\}$$

が成り立つことが分かる. 証明の冒頭で述べたように, この不等式は $x \to x_0 + Rx$ という座標変換に関して不変なので, これより直ちに (5.2.24) を得る. また, (5.2.24) が任意の $x_0 \in \Omega$ と十分小さな R に対して成り立つことより, $f \in L^q_{\mathrm{loc}}(\Omega)$ であることも従う. $\quad \square$

注意 5.2.5 以上の証明において, カルデロン–ジグムント立方体が本質的な役割を果たしているため, 各不等式において積分領域が立方体であることが本質的である. 一方, ほとんどの文献において, 積分領域を球とした形でこの定理を用いている. そのため, 厳密には座標変換を施して, 球を立方体に変換し, 定理を用いてから, 再度座標変換により球へ戻さなければならない. その際, 立方体には「角 (カド)」があるので, 座標変換の微分可能性が気になるかもしれないが, 一連の証明では, 被積分関数の連続性や微分可能性は必要とせず, 座標変換によって積分に現れるヤコビアンの有界性のみで十分である. したがって, 双リプシッツ写像 (その写像自体と逆写像がリプシッツ連続) による座標変換で十分である. これなら立方体と球との変換が容易に構成できる. 以下, 本書でも定理 5.2.3 を, 仮定においても結論においても, 積分領域を球とした形で用いる.

5.3 ▶ Higher Integrability

この節で扱う汎関数は, $u : \Omega \to \mathbb{R}^n$ に対して以下のように定義されるものである.

$$\mathcal{F}(u) := \int_\Omega f(x, u, Du) dx. \tag{5.3.1}$$

118 ▶ **5** 逆ヘルダー不等式と Higher Integrability

ここで，被積分関数 $f : \Omega \times \mathbb{R}^n \times \mathbb{R}^{mn} \to \mathbb{R}$ は，ある定数 $p > 1$，$\Lambda \geq \lambda > 0$ に対して，

$$\lambda|\xi|^p \leq f(x, u, \xi) \leq \Lambda(1 + |\xi|)^p \tag{5.3.2}$$

を任意の $(x, u, \xi) \in \Omega \times \mathbb{R}^n \times \mathbb{R}^{mn}$ で満たしているとする．前節で準備した定理 5.2.3 を用いて，$\mathcal{F}$ の最小点となる $u \in W^{1,p}$ の弱微分 Du が，ある $q > p$ に対して L^q に属し，逆ヘルダー不等式を満たすことを導く．このような，もともと仮定されている p 乗可積分性よりも高い次数に対する可積分性を **higher integrability** と呼ぶが，本章の冒頭部分でも述べたように適当な日本語が見つからないので，そのまま用いることとする．

まず，次の補題を準備する．

補題 5.3.1 $T_0 < T_1$，$M > 0$ とする．関数 $f : [T_0, T_1] \to [0, M]$ が，任意の $T_0 \leq s \leq t \leq T_1$ に対して，

$$f(s) \leq \theta f(t) + A + B(t - s)^{-\alpha} \tag{5.3.3}$$

を満たすとする．ただし，A, B, α, θ はすべて正定数で，特に $\theta < 1$ とする．このとき，ある正定数 $C = C(\alpha, \theta)$ が存在して，

$$f(\rho) \leq C\{B(R - \rho)^{-\alpha} + A\} \tag{5.3.4}$$

が任意の $T_0 \leq \rho < R \leq T_1$ で成り立つ．

証明 $\tau \in (0, 1)$ に対して，

$$t_0 = \rho, \quad t_{i+1} = t_i + (1 - \tau)\tau^i(R - \rho)$$

とおく．$\lim_{k \to \infty} t_k = R$ となることに注意しておく．(5.3.3) を $s = t_i, t = t_{i+1}$ $(i = 0, 1, 2, \ldots)$ に対して順次用いると，

$$\begin{aligned}
f(\rho) \leq{}& \theta f(t_1) + A + B(1 - \tau)^{-\alpha}(R - \rho)^{-\alpha} \\
\leq{}& \theta^2 f(t_2) + A(1 + \theta) \\
& + B(1 - \tau)^{-\alpha}(R - \rho)^{-\alpha}(1 + \theta\tau^{-\alpha})
\end{aligned}$$

$\ldots\ldots$

$$< \theta^k f(t_k) + A\sum_{i=0}^{k-1}\theta^i + B(1-\tau)^{-\alpha}(R-\rho)^{-\alpha}\sum_{i=0}^{k-1}(\theta\tau^{-\alpha})^i$$

$$< \theta^k f(t_k) + \big(A + B(R-\rho)^{-\alpha}\big)(1-\tau)^{-\alpha}\frac{1-(\theta\tau^{-\alpha})^k}{1-\theta\tau^{-\alpha}}$$

を得る．最後の不等号では $(1-\tau)^{-\alpha} > 1$ と $\theta < \theta\tau^{-\alpha}$ となること を用いた．ここで，τ を $\theta^{1/\alpha} < \tau < 1$ となるように選んで，$k \to \infty$ とすれば，

$$f(\rho) \leq \frac{(1-\tau)^{-\alpha}}{1-\theta\tau^{-\alpha}}\big(A + B(R-\rho)^{-\alpha}\big)$$

となるので，$C = (1-\tau)^{-\alpha}/1-\theta\tau^{-\alpha}$ とおけば，(5.3.4) を得る． $\square$

これで，必要な道具が揃った．以下，次に定義する局所的最小点 の内部部分正則性を扱う．

定義 5.3.2 $\mathcal{F}$ を (5.3.1) で定義された汎関数とする．$D \subset \Omega$ に 対し，

$$\mathcal{F}(u; D) := \int_D f(x, u, Du)dx$$

と書く（$\mathcal{F}(u) = \mathcal{F}(u; \Omega)$ である）．$u \in W^{1,p}_{\mathrm{loc}}(\Omega, \mathbb{R}^n)$ が，

$$\mathcal{F}(u; \operatorname{supp}\varphi) \leq \mathcal{F}(u + \varphi; \operatorname{supp}\varphi) \qquad (5.3.5)$$

を，$\operatorname{supp}\varphi \Subset \Omega$ を満たす任意の $\varphi \in W^{1,p}_0(\Omega; \mathbb{R}^n)$ に対して満たす とき，「u は汎関数 $\mathcal{F}$ の**局所的最小点である**」もしくは，「u は $\mathcal{F}$ を **局所的に最小化する**」と言う．

注意 5.3.3 境界条件 $u_0 \in W^{1,p}(\Omega; \mathbb{R}^n)$ が与えられていて，u が $u_0 + W^{1,p}_0(\Omega; \mathbb{R}^n)$ における $\mathcal{F}$ の最小点となっているとき，u は局 所的最小点でもある．

次に，境界条件の下での局所的最小点の定義を与える．本書では 基本的に内部部分正則性に的を絞って述べているので，境界条件付 きの場合は扱わないが，内部正則性の議論の中で，後で一箇所だけ 必要になる．

考える領域は半球とし，次のように記号を導入する．$T > 0$ に対 して，

$$B^+(T) := \{x \in \mathbb{R}^m \; ; \; |x| < T, \; x^m > 0\},$$

$$\Gamma(T) := \{x \in \mathbb{R}^m \; ; \; |x| < T, \; x^m = 0\},$$

$$\partial^+ B^+(T) := \partial B^+(T) \setminus \Gamma(T)$$

とおき, $x_0 \in B^+(T)$, $r < T - |x_0|$ に対して,

$$\Omega(x_0, r) := B(x_0, r) \cap B^+(T)$$

と書くことにする.

定義 5.3.4 ([14])　$v \in \bigcap_{0 < S < T} W^{1,p}(B^+(S); \mathbb{R}^n)$, 任意の $0 < S < T$ と任意の $\varphi \in W_0^{1,p}(B^+(T); \mathbb{R}^n)$ に対して,

$$\mathcal{F}(v; B^+(S)) \leq \mathcal{F}(v + \varphi; B^+(S))$$

を満たすとき, v は $\mathcal{F}$ の $\boldsymbol{B^+(T) \cup \Gamma(T)}$ における局所的最小点であると言う.

　また, 二つの写像 $u, v \in W^{1,p}(B^+(T); \mathbb{R}^n)$ が,

$$u = v \ \text{ on } \ \Gamma(T)$$

であるとは, 任意の $\eta \in C_0^\infty(B(0, T))$ に対して,

$$(u - v)\eta \in W_0^{1,p}(B^+(T); \mathbb{R}^n)$$

となることであるとする.

定理 5.3.5 ([14])　ある $s > p$ に対して $u \in W^{1,s}(B^+(T))$ とし,

$$X_{\Gamma, u} := \{w \in W^{1,p}(B^+(T); \mathbb{R}^n) \; ; \; w = u \text{ on } \Gamma(T)\}$$

とおく. $v \in X_{\Gamma, u}$ を $B^+(T) \cup \Gamma(T)$ における $\mathcal{F}$ の局所的最小点であるとする. このとき, ある $q \in (p, s)$ が存在して, 任意の $S \in (0, T)$ に対して, $v \in W^{1,q}(B^+(S); \mathbb{R}^n)$ となる. さらに, ある定数 $C > 0$ が存在して, 任意の $x_0 \in B^+(S)$ と $0 < r < \text{dist}(x_0, \partial^+ B^+(T))/2$ に対して,

$$\left(\fint_{\Omega(x_0, r/2)} (1 + |Dv|)^q dx \right)^{1/q}$$

$$\leq C\Bigl\{\Bigl(\fint_{\Omega(x_0,r)}(1+|Dv|)^p dx\Bigr)^{1/p}$$
$$+\Bigl(\fint_{\Omega(x_0,r)}(1+|Du|)^q dx\Bigr)^{1/q}\Bigr\} \quad (5.3.6)$$

が成り立つ.

証明 u, v, Du, Dv を $B^+(T)$ の外へ 0-拡張し, $B(0,T)$ 全体で定義されたものとしておく. $\Gamma(T)$ 上で $u = v$ と仮定しているので, 命題 1.3.16 より, 任意の $0 < S < T$ に対して $u - v \in W^{1,p}(B(0,S);\mathbb{R}^n)$ であり, $D(u-v) = Du - Dv$ は $B(0,S)$ 上で $u-v$ の弱微分となっていることに注意しておく[49].

[49] u, v は $\Gamma(T)$ 上で 0 とはなっていないので, 0-拡張したそれぞれは, 一般に $W^{1,p}(B(0,S);\mathbb{R}^n)$ に属するとは限らない.

$x_1 \in B^+(S)$ を任意にとり, 固定して考える. $\rho > 0$ に対し,
$$\Omega_\rho := \Omega(x_1,\rho), \quad B_\rho := B(x_1,\rho)$$
と略記することとする.

$T' := (T+S)/2$, $\min\{T-S,1\}/2 := r_0$ とおき, 以下の証明において, $r \leq r_0$ ととり, さらに, $0 < s \leq t \leq r$ となる任意の s, t を考える. $B_t \subset B(0,T')$ となることに注意しておく.

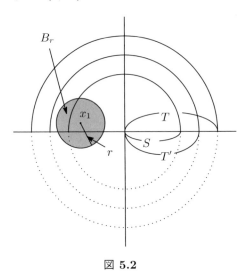

図 **5.2**

次に, $\eta \in C_0^\infty(B_t)$ を,
$$0 \leq \eta \leq 1, \quad |D\eta| < \frac{2}{t-s}, \quad B_s \text{上で } \eta \equiv 1 \quad (5.3.7)$$

を満たすように選び，さらに η を B_t の外へ 0-拡張しておく．

x_1 の $\Gamma(T)$ までの距離 x_1^m と考えている球 B_r の半径との関係によって二つの場合に分けて考える．

(i) $x_1^m < 3r/4$ **の場合:**

$\varphi := \eta(v - u)$ とおく．$\Gamma(T)$ 上で $u = v$ となっていることと，$\eta \in C_0^\infty(B(t))$ であることより，$\varphi \in W_0^{1,p}(B^+(T');\mathbb{R}^n)$ である．したがって，v が $\mathcal{F}$ の局所的最小点であることより，

$$\mathcal{F}(v; B^+(T')) \leq \mathcal{F}(v - \varphi; B^+(T')) \tag{5.3.8}$$

となる．また，Ω_t の外では $v = v - \varphi$ なので，(5.3.2) と (5.3.8) より，

$$\lambda \int_{\Omega_t} |Dv|^p dx \leq \Lambda \int_{\Omega_t} (1 + |D(v - \varphi)|)^p dx$$

を得る．さらに，

$$\begin{aligned}
D(v - \varphi) &= D\big((1-\eta)v + \eta u\big) \\
&= (1-\eta)Dv - (v-u)D\eta + \eta Du
\end{aligned}$$

となることに注意すると，次の評価を得る．

$$\begin{aligned}
\lambda \int_{\Omega_s} (1 + |Dv|)^p dx &\leq \lambda \int_{\Omega_t} (1 + |Dv|)^p dx \\
&\leq \lambda c(p)\Big\{ \int_{\Omega_t} 1 dx + \int_{\Omega_t} |Dv|^p dx \Big\} \\
&\leq \Lambda c(p)\Big\{ \int_{\Omega_t \setminus \Omega_s} (1 + |Dv|)^p dx + \int_{\Omega_t} (1 + |Du|)^p dx \\
&\quad + \Big(\frac{2}{t-s}\Big)^p \int_{\Omega_t} |v - u|^p dx \Big\}
\end{aligned} \tag{5.3.9}$$

ここで，$c(p)$ は指数 p のみによって決まる定数である．また，最初の積分領域はわざと小さくとっているが，それは以下のように**穴埋め法**と呼ばれる方法を用いるためである．両辺に，

$$c(p)\Lambda \int_{\Omega_s} (1 + |Dv|)^p dx$$

を加えると，左辺の係数は $\lambda + c(p)\Lambda$ となるが，右辺ではちょうど第 1 項の積分領域の「穴を埋める」ことになり，右辺第 1 項の積分領域は Ω_t となるが，係数は $c(p)\Lambda$ のままである．さらに，両辺を

$\lambda + c(p)\Lambda$ で割ることにより,

$$\int_{\Omega_s} (1 + |Dv|)^p dx$$

$$\leq \frac{c(p)\Lambda}{\lambda + c(p)\Lambda} \int_{\Omega_t} (1 + |Dv|)^p dx + \int_{\Omega_t} (1 + |Du|)^p dx$$

$$+ \Big(\frac{2}{t-s}\Big)^p \int_{\Omega_t} |v - u|^p dx$$

$$\leq \frac{c(p)\Lambda}{\lambda + c(p)\Lambda} \int_{\Omega_t} (1 + |Dv|)^p dx + \int_{\Omega_r} (1 + |Du|)^p dx$$

$$+ \Big(\frac{2}{t-s}\Big)^p \int_{\Omega_r} |v - u|^p dx \qquad (5.3.10)$$

という評価を得る. 2 番目の不等式では, $t \leq r$ であることを用いた. ここで, 右辺第 1 項の係数が 1 より小さいので, 補題 5.3.1 を,

$$f(t) = \int_{\Omega_t} (1 + |Dv|)^p dx, \quad \alpha = p$$

$$A = \int_{\Omega_r} (1 + |Du|)^p dx, \quad B = 2^p \int_{\Omega_r} |v - u|^p dx,$$

として用いることができ, ある定数 $c_1 = c_1(\alpha, p, \lambda, \Lambda)$ が存在して,

$$\int_{\Omega_\rho} (1 + |Dv|)^p dx$$

$$\leq c_1 \Big\{ (r - \rho)^p \int_{\Omega_r} |v - u|^p dx + \int_{\Omega_r} (1 + |Du|)^p dx \Big\}$$

をすべての $0 < \rho \leq r (\leq r_0)$ に対して満たす. ここで, $\rho = r/2$ とおくと, 次のカッチョッポリの不等式を得る.

$$\int_{\Omega_{r/2}} (1 + |Dv|)^p dx$$

$$\leq c_2 \Big\{ r^{-p} \int_{\Omega_r} |v - u|^p dx + \int_{\Omega_r} (1 + |Du|)^p dx \Big\}$$

u, v, Du, Dv はすべて $B^+(T)$ の外へ 0-拡張していたので, 上の不等式より,

$$\int_{B_{r/2}} (1 + |Dv|)^p dx$$

$$\leq c_2 \Big\{ r^{-p} \int_{B_r} |v - u|^p dx + \int_{B_r} (1 + |Du|)^p dx \Big\} \qquad (5.3.11)$$

を得る.

さて，ここまで $x_1^m < 3r/4$ という仮定を用いていなかったが，次に用いる．この仮定より，次元 m にのみ依存して決まるある定数 $\gamma > 0$ に対して，

$$|B_r \setminus B^+(T)| \geq \gamma |B_r|$$

となり，$B_r \setminus B^+(T)$ 上で $v - u \equiv 0$ であることより，ソボレフの不等式のうち (1.3.20) が使えて，

$$\int_{B_r} |u - v|^p dx$$
$$\leq c_3(m, p, \gamma) \Big(\int_{B_r} |D(v - u)|^{p_*} dx \Big)^{p/p_*}$$
$$\leq c_4 \Big\{ \Big(\int_{B_r} |Dv|^{p_*} dx \Big)^{p/p_*} + \Big(\int_{B_r} |Du|^{p_*} dx \Big)^{p/p_*} \Big\}$$

となることが分かる．ここで，$p_* := mp/(m+p)$ であり，$(p_*)^* = p$ であることに注意しておく．上の評価式の両辺を r^p で割って，

$$r^{-p} \int_{B_r} |u - v|^p dx$$
$$\leq c_4 \Big\{ \Big(r^{-p_*} \int_{B_r} |Dv|^{p_*} dx \Big)^{p/p_*} + \Big(r^{-p_*} \int_{B_r} |Du|^{p_*} dx \Big)^{p/p_*} \Big\}$$
$$\leq c_4 \Big(r^{-p_*} \int_{B_r} |Dv|^{p_*} dx \Big)^{p/p_*} + c_5 \int_{B_r} |Du|^p dx \qquad (5.3.12)$$

を得る．なお，最後の不等号ではヘルダーの不等式を用いた.

(5.3.11) と (5.3.12) より，

$$\fint_{B_{r/2}} (1 + |Dv|)^p dx$$
$$\leq c_6 \Big(\fint_{B_r} (1 + |Dv|)^{p_*} dx \Big)^{p/p_*} + c_6 \fint_{B_r} (1 + |Du|)^p dx$$

$$(5.3.13)$$

を得る.

(ii) $x_1^m \geq 3r/4$ の場合:

以下，$0 < s \leq t \leq 3r/4$ とする．仮定より，$\Omega_t = B_t$ である．また，

$$v_0 := \fint_{\Omega_{3r/4}} v\, dx \left(= \fint_{B_{3r/4}} v\, dx \right)$$

とし，$\varphi := \eta(v - v_0)$ とおく．この場合は，

$$D(v - \varphi) = (1 - \eta)Dv - (v - v_0)D\eta$$

となる．v の最小性 $\mathcal{F}(v; B^+(T')) \leq \mathcal{F}(v - \phi; B^+(T'))$ より，**(i)** の場合と同様「穴埋め法」を用いて，

$$\int_{B_s} (1 + |Dv|)^p dx$$
$$\leq \frac{c(p)\Lambda}{\lambda + c(p)\Lambda} \int_{B_t} (1 + |Dv|)^p dx$$
$$+ \left(\frac{2}{t - s}\right)^p \int_{B_{3r/4}} |v - v_0|^p dx$$

を得るので，補題 5.3.1 を用いると，カッチョッポリの不等式，

$$\int_{B_\rho} (1 + |Dv|)^p dx \leq c_7(t - \rho)^{-p} \int_{B_{3r/4}} |v - v_0|^p dx \quad (5.3.14)$$

が任意の $0 < \rho \leq t \leq 3r/4$ に対して成り立つことが分かる．$\rho = r/2$, $t = 3r/4$ ととり，ソボレフ–ポアンカレの不等式 (1.3.19) を用いると，

$$\int_{B_{r/2}} (1 + |Dv|)^p dx \leq c_8 4^p r^{-p} \int_{B_{3r/4}} |v - v_0|^p dx$$
$$\leq c_9 r^{-p} \left(\int_{B_{3r/4}} (1 + |Dv|)^{p_*} dx\right)^{p/p_*}$$

を得る．右辺の積分領域を B_r に広げ，両辺を $\omega_m r^m$ で割ると，

$$\fint_{B_{r/2}} (1 + |Dv|)^p dx \leq c_{10} \left(\fint_{B_r} (1 + |Dv|)^{p_*} dx\right)^{p/p_*} \quad (5.3.15)$$

となることが分かる．

　さて，定数を適当に変更すれば，(5.3.15) の右辺より (5.3.13) の右辺のほうが大きいとしてよいので，**(i)**, **(ii)** いずれの場合に対しても (5.3.13) が成立するとみなしてよい．

　いよいよ，前節で準備した定理 5.2.3 を用いる．

$$f = 1 + |Dv|^p, \quad g = 1 + |Du|^p,$$
$$r = \frac{p_*}{p} = \frac{m}{m + p}, \quad (\text{定理 5.2.3 の } p) = s$$

126 ▶ **5** 逆ヘルダー不等式と Higher Integrability

とおけば，(5.3.13) は定理 5.2.3 の仮定 (5.2.23) を満たしていることを示している．したがって，ある $p < q < s$ に対して $|Dv| \in L^q_{\mathrm{loc}}(B(0,T))$（すなわち，任意の $0 < S < T$ に対して $|Dv| \in L^q(B^+(S))$）であり，任意の $x_0 \in B^+(S)$ と $0 < r < (T-S)/2$ に対して，

$$
\fint_{B(x_0,r/2)} (1+|Dv|^q)dx
$$
$$
\leq c_{11}\Big\{\Big(\fint_{B(x_0,r)}(1+|Dv|^p)dx\Big)^{q/p} + \fint_{B(x_0,r)}(1+|Du|^q)dx\Big\}
$$

を得る．これより，(5.3.6) が直ちに導かれる． $\square$

この定理において，一般の領域 Ω において，$B(x,r) \Subset \Omega$ となる球のみ考える場合は，**(ii)** の場合のみ考えればよく，(5.3.6) の右辺第 2 項がない形の評価が成り立つ．これはよく使うので，系として独立に述べておく．

系 5.3.6 $\Omega \subset \mathbb{R}^m$ を開集合とし，$u \in W^{1,p}_{\mathrm{loc}}(\Omega;\mathbb{R}^n)$ を $\mathcal{F}$ の局所的最小点とする．このとき，ある $q > p$ に対して，$Du \in L^q_{\mathrm{loc}}(\Omega;\mathbb{R}^n)$ となる．さらに，ある定数 $C > 0$ が存在し，任意の $x_0 \in \Omega$ と $0 < r < \mathrm{dist}(x_0,\partial\Omega)/2$ に対して，

$$
\Big(\fint_{B(x_0,r)}(1+|Du|)^q dx\Big)^{1/q}
$$
$$
\leq C\Big(\fint_{B(x_0,2r)}(1+|Du|)^p dx\Big)^{1/p} \qquad (5.3.16)
$$

が成り立つ．

定理 5.3.5 をわざわざ境界条件付きの形で述べたのは，次の系を得たかったからである．なお，次の定理においても $B(R) = B(0,R)$ とおく．

系 5.3.7 ある $s > p$ に対し，$u \in W^{1,s}(B(R);\mathbb{R}^n))$ とする．v を $u + W^{1,p}_0(B(R);\mathbb{R}^n)$ における $\mathcal{F}$ の最小点とする．このとき，ある $q \in (p,s]$ に対して $Dv \in L^q(B(R);\mathbb{R}^n)$ となり，ある定数 C に対して，

$$
\int_{B(R)}(1+|Dv|)^q dx \leq C\int_{B(R)}(1+|Du|)^q dx \qquad (5.3.17)
$$

が成り立つ.

証明 定理 5.3.5 を用いるために,境界を微分同相写像によって「平ら」にしたい.その写像の定義域も値域も球 $B(R)$ であると紛らわしいので,もともと考えている領域 $B(R)$ を Ω と書くこととしよう.

$U_0 = B_{7R/16}$ とおき,さらに $\partial\Omega$ 上に有限個の点 $x_1, x_2, ..., x_k$ をとり $U_i = B(x_i, 7R/8)$ が,

$$\bigcup_{i=0}^{k} U_i \supset \Omega \tag{5.3.18}$$

を満たすようにしておく.このとき,$\Omega = B(R)$ としているので,(5.3.18) を満たすような $x_1, ..., x_k$ のとり方で,最良のものを選ぶことにしておけば,k は次元 m にのみ依存して決まる定数としておくことができる.

各 U_i に対して,半径が 2 倍の同心円を V_i,さらに V_i の半径を十分小さな $\varepsilon > 0$ (例えば $\varepsilon = R/16$) だけ大きくしたものを $\hat{V}_i$ と書くこととする.各 $i = 1, ..., k$ に対して,$\delta > 0$ と微分同相写像 $\Phi_i : B(2R + \delta) \to \hat{V}_i$ が次の条件を満たすように選んでおく.

$$\Phi_i(B^+(R)) = U_i \cap \Omega, \quad \Phi_i(B^+(2R)) = V_i \cap \Omega,$$
$$\Phi_i(\Gamma(2R)) = V_i \cap \partial\Omega, \quad \frac{1}{M} \leq |\det(J(\Phi))| \leq M$$

ただし,$J(\Phi)$ は Φ のヤコビ行列を表し,M は i,R によらない定数とする (図 5.3).

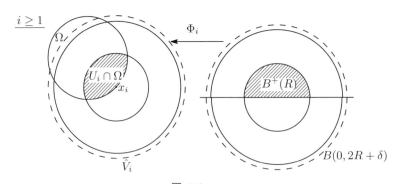

図 **5.3**

次に，$B^+(2R+\delta) \times \mathbb{R}^n \times \mathbb{R}^{mn}$ 上で定義された関数 $\tilde{f}$ を，

$$\tilde{f}(y,w,\eta) = f\big(\Phi_i, w(y), \eta J(\Phi_i^{-1})\big)|J(\Phi_i)|$$

により定義し，$w \in W^{1,2}(B^+(2R+\delta); \mathbb{R}^n)$ に対して汎関数 $\tilde{F}(w)$ を，

$$\tilde{\mathcal{F}}(w) := \int_{B^+(2R+\delta)} \tilde{f}(y, w(y), Dw)dy$$

と定義する．$\tilde{f}$ は f が満たしている条件 (5.3.2) と同様の条件，

$$\lambda'|\eta|^p \leq \tilde{f}(y,w,\eta) \leq \Lambda'(1 + |\eta|)^p$$

をある $\Lambda' \geq \lambda' > 0$ に対して満たしている．ここで，λ', Λ' は λ, Λ, M, p のみに依存して定まる定数である．

さて，$\tilde{u}(y) = u(\Phi_i(y))$，$\tilde{v}(y) = v(\Phi_i(y))$ とおくと，$\Gamma(2R+\delta)$ 上で $\tilde{v} = \tilde{u}$ であり，さらに，v が $\mathcal{F}$ の最小点であることより，$\tilde{v}$ が $\tilde{\mathcal{F}}$ の $B^+(2R+\delta) \cup \Gamma(2R+\delta)$ における局所的最小点であることが分かる．したがって，定理 5.3.6 より，($x_0 = 0$，$T = 2R + \delta$，$r = S = 2R$ として) ある $q > p$ に対して，$D_y\tilde{v} \in L^q(B^+(2R))$ となり，次の評価が成り立つことが分かる．

$$\left(R^{-m}\int_{B^+(R)}(1+|D_y\tilde{v}|)^q dy\right)^{1/q}$$
$$\leq C\Big\{\left(R^{-m}\int_{B^+(2R)}|D_y\tilde{v}|^p dy\right)^{1/p}$$
$$+ \left(R^{-m}\int_{B^+(2R)}|D_y\tilde{u}|^q dy\right)^{1/q}\Big\}.$$

この評価式を Φ_i により $y \to x$ と変数変換すれば，ある定数 $C > 0$ に対して，各 $i = 1, ..., k$ に対して，

$$\left(R^{-m}\int_{U_i \cap \Omega}(1+|Dv|)^q dx\right)^{1/q}$$
$$\leq C\Big\{\left(R^{-m}\int_{V_i \cap \Omega}|Dv|^p dx\right)^{1/p}$$
$$+ \left(R^{-m}\int_{V_i \cap \Omega}|Dy|^q dx\right)^{1/q}\Big\}. \qquad (5.3.19)$$

を得る．また，V_0 上で系 5.3.6 を用いると，

5.3 Higher Integrability ◀ 129

$$\left(R^{-m}\int_{U_0}|Dv|^q dx\right)^{1/q} \le C\left(R^{-m}\int_{V_0}|Dv|^p dx\right)^{1/p} \quad (5.3.20)$$

を得る. (5.3.20) と (5.3.19)$(i = 1, ..., k)$ をすべて加え合わせ, $\Omega = B_R = B(0, R)$ であったことを思い出せば, ある定数 $C > 0$ に対して,

$$\left(R^{-m}\int_{B(0,R)}(1+|Dv|)^q dx\right)^{1/q}$$
$$\le C\Big\{\left(R^{-m}\int_{B(0,R)}|Dv|^p dx\right)^{1/p}$$
$$+ \left(R^{-m}\int_{B(0,R)}|Du|^q dx\right)^{1/q}\Big\}. \quad (5.3.21)$$

が成り立つことが分かる. 一方, v が $\mathcal{F}$ の最小点であることと, ヘルダーの不等式より,

$$\left(R^{-m}\int_{B(0,R)}|Dv|^p dx\right)^{1/p} \le \left(\frac{\Lambda}{\lambda}R^{-m}\int_{B(0,R)}|Du|^p dx\right)^{1/p}$$
$$\le \left(C(\lambda, \Lambda, m, p, q)R^{-m}\int_{B(0,R)}|Du|^q dx\right)^{1/q}$$

となる. これを用いて, (5.3.21) の右辺第 1 項を第 2 項で評価すれば, (5.3.17) を得る. $\qquad\square$

130 ▶ **5** 逆ヘルダー不等式と Higher Integrability

6 部分正則性

　この章では，変分問題の解の**部分正則性 (partial regularity)**を扱う．部分正則性とは，感覚的な表現を用いれば，第4章の最後で述べたように「小さい集合」を除いての正則性である．しかし，集合の「小ささ」をきちんと定義しなければ，数学とは言えない．「小さい」と言う代わりに「次元が低い」と言うと，一応は数学的意味づけができる．実際，第4章で紹介したデジョルジの例のように特異点が1点の場合なら，特異点集合の次元は0である．しかし，大学初年度までの数学で現れる「次元」は0以上の整数値しかとらず，集合の大きさを評価する尺度としてはいささか大雑把すぎる．そこで，まず，0以上の実数に対して定義できる**ハウスドルフ**[50]**次元**と呼ばれる「次元」を導入することからこの章を始める．

6.1 ハウスドルフ測度・ハウスドルフ次元

　まず，集合の「大きさ」を測る尺度としては，ここまででも使っているルベーグ測度がある．しかし，ルベーグ測度では測度0の集合同士を区別することはできない．例えば $\mathbb{R}^3$ で考えているとき，2次元部分空間，1次元部分空間さらには有限個の点集合もいずれもルベーグ測度が0であるが，次元はそれぞれ，2次元，1次元，0次元である．つまり，3次元の集合と3次元未満の集合の2種類は区別できるが，3次元未満の集合同士は区別できない．これらのルベーグ測度0の集合同士でも区別を可能とする測度として，これから導入する**ハウスドルフ測度**がある．

　まず，ガンマ関数の定義を思い出し，単位球の体積の一般化を考

---

[50] Felix Hausdorff (1869–1942). 位相空間論，測度論等において今日の数学の基礎となる極めて重要な業績を残したドイツの数学者．ハウスドルフ測度・次元の他にもハウスドルフ空間等々，多くの概念や定理に名を残している．ユダヤ人であったが，ナチス台頭後もドイツにとどまった．強制収容所へ送られることが決まると自殺した．

える. $t \geq 0$ に対して, ガンマ関数 $\Gamma(t)$ (オイラー関数と呼んでいる文献もある) は次式で定義される[51].

$$\Gamma(t) := \int_0^{+\infty} x^{t-1} e^{-x} dx.$$

ガンマ関数の性質のうち, たいていの微積分学の教科書で次のものが紹介され, 演習問題とされている.

$$\Gamma(1/2) = \sqrt{\pi}, \quad \Gamma(1) = 1, \quad \Gamma(s+1) = s\Gamma(s) \ (s > 0). \quad (6.1.1)$$

$k \geq 0$ に対して, ω_k を,

$$\omega_k := \frac{\pi^{\frac{k}{2}}}{\Gamma\left(\frac{k}{2} + 1\right)}$$

と定義し, $\omega_0 = 1$ としておく. (6.1.1) より,

$$\omega_1 = 2, \quad \omega_2 = \pi, \quad \omega_3 = \frac{4}{3}\pi$$

となることが容易に確かめられ, $k = 1, 2, 3$ に対して, ω_k は k-次元単位球の体積と一致することが分かる.

　一般の実数 $k \geq 0$ に対しても, ω_k を単位球[52]の体積の一般化と考え, この ω_k を用いて, ハウスドルフ測度は次のように定義される.

定義 6.1.1 (ハウスドルフ測度)　A を $\mathbb{R}^m$ の部分集合とし, $k \geq 0$, $\delta > 0$ に対して,

$$\mathcal{H}_\delta^k(A) := \frac{\omega_k}{2^k} \inf\left\{\sum_{i=1}^\infty (\operatorname{diam} C_i)^k \, ; \, A \subset \bigcup_{i=1}^\infty C_i \ (\operatorname{diam} C_i < \delta)\right\}$$

とおく. 集合 A の k-次元ハウスドルフ測度を,

$$\mathcal{H}^k(A) := \lim_{\delta \to 0+} \mathcal{H}_\delta^k(A) = \sup_{\delta > 0} H_\delta^k(A)$$

により定義する.

　ハウスドルフ測度の基本的な性質を挙げておこう.

命題 6.1.2　$A \subset \mathbb{R}^m$ とする.

(i) A がルベーグ可測なとき, $\mathcal{H}^m(A) = |A|$ が成り立つ.

---

[51] ガンマ関数は実部が正となる複素数に対しても同じ式で定義されるが, 本書で必要なのは $t > 0$ の範囲である.

[52] 「$\sqrt{3}$ 次元の単位球って何だ？？」というような疑問はさておいて‥‥.

(ii) $k > m$ のとき $\mathcal{H}^k(A) = 0$ である.

(iii) ある $k \geq 0$ に対して $\mathcal{H}^k(A) > 0$ であれば, $k > j \geq 0$ であるすべての j に対して $\mathcal{H}^j(A) = +\infty$ である.

(iv) ある $k \geq 0$ に対して $\mathcal{H}^k(A) < \infty$ であれば, $s > k$ となるすべての s に対して, $\mathcal{H}^s(A) = 0$ である.

これらは重要な性質であるが, 証明には測度論の一般論からの準備が少なからず必要であるため, ここでは証明を省略する.

さて, 命題 6.1.2 の (iii), (iv) より, 直ちに次の系を得る.

系 6.1.3 任意の $A \subset \mathbb{R}^m$ に対して, 次の条件 (H-D) を満たす実数 d がただ一つ定まる.

(H-D) $\begin{cases} \mathcal{H}^s(A) = 0 \text{ がすべての } s > d \text{ に対して成立し,} \\ \mathcal{H}^r(A) = +\infty \text{ がすべての } r < d \text{ に対して成立する} \end{cases}$

この系によって存在と一意性が保証された値 d により, ハウスドルフ次元が定義される.

定義 6.1.4 (ハウスドルフ次元) 集合 $A \subset \mathbb{R}^m$ に対して, (H-D) を満たす実数 d を A の**ハウスドルフ次元**と呼び, $\dim^{\mathcal{H}}(A)$ と表す.

注意 6.1.5 ハウスドルフ次元は $\dim_{\mathcal{H}}$ や単に $\dim$ で表されることもある.

最後に, 特異点集合の「大きさ」を測るために重要な次の定理を紹介しよう.

定理 6.1.6 $\Omega \subset \mathbb{R}^m$ を可測集合, $f \in L^1_{\mathrm{loc}}(\Omega)$ とする. $0 < \alpha \leq m$ に対して,

$$\Sigma_\alpha := \Big\{ x \in \Omega \ ; \ \limsup_{r \to 0+} r^{-\alpha} \int_{B(x,r) \cap \Omega} |f(y)| dy > 0 \Big\}$$

とおくと, $\mathcal{H}^\alpha(\Sigma_\alpha) = 0$ である.

この節で紹介した定理の証明等に関しては, 例えば [9, pp.12–14], [12, pp.68–71] を参照.

6.1 ハウスドルフ測度・ハウスドルフ次元 ◀ *133*

6.2 ▶ 部分正則性

ある汎関数のソボレフ空間における極値を与える関数，もしくは
ある偏微分方程式の弱解となる関数 $u : \Omega \to \mathbb{R}^n$ が，ある開集合
$\Omega_0 \subset \Omega$ に対して $C^{k,\alpha}(\Omega_0, \mathbb{R}^n)$ （k は問題によって異なる）となり，
さらに特異点集合 $\Omega \setminus \Omega_0$ のハウスドルフ次元に対する評価が得られ
ているとき，これを u の**部分正則性**と呼ぶ.

さて，いよいよ「quadratic 汎関数」[53] と呼ばれる微分の 2 次形
式の積分で表される汎関数の最小点の部分正則性を証明する. しか
し，その前にイェンゼン[54]の不等式を準備しておく. これが，最後
の「準備」であるが，この「準備」のために凸関数の性質を一つ準
備する. なお，ここでは 1 変数の凸関数を扱うが，定義は多変数の
場合と同様に定義 2.3.1 で与えられているものとする.

補題 6.2.1 関数 $f : (a,b) \to \mathbb{R}$ が凸関数であることと，任意の
$t_0 \in (a,b)$ に対して次を満たす数 $\lambda(t_0)$ が存在することは同値で
ある.

$$f(t) \geq f(t_0) + \lambda(t_0)(t - t_0) \tag{6.2.1}$$

がすべての $t \in (a,b)$ に対して成り立つ.

証明 $a < r < s < t < b$ となる r, s, t を任意にとる. $s = (1-\alpha)r + \alpha t$ を満たすように $\alpha \in (0,1)$ を選ぶと，(2.3.1) より，

$$\frac{f(s) - f(r)}{s - r} \leq \frac{(1-\alpha)f(r) + \alpha f(t) - f(r)}{\alpha(t-r)} = \frac{f(t) - f(r)}{t - r}$$

$$\frac{f(t) - f(s)}{t - s} \geq \frac{f(t) - (1-\alpha)f(r) - \alpha f(t)}{(1-\alpha)(t-r)} = \frac{f(t) - f(r)}{t - r}$$

となるので，

$$\frac{f(t) - f(s)}{t - s} \geq \frac{f(s) - f(r)}{s - r}$$

が成り立つ. したがって，$t_0 \in (a,b)$ を一つ固定して考えるとき，
$\frac{f(t) - f(t_0)}{t - t_0}$ は，$a < t < t_0$ では上から有界，$\frac{f(t_0) - f(t)}{t_0 - t}$ $t_0 < t < b$ で
は下から有界であり，それぞれの上限，下限，

$$\lambda_1(t_0) := \inf_{b > t > t_0} \frac{f(t) - f(t_0)}{t - t_0}, \quad \lambda_2(t_0) := \sup_{a < t < t_0} \frac{f(t_0) - f(t)}{t_0 - t} \tag{6.2.2}$$

---

[53] quadratic functional をどう訳すべきか悩んだ. "quadratic"は「2 次の」という意味なので，直訳すれば「2 次汎関数」だが，いかにも違和感があり，"quadratic"のみ英語表記のままとすることにした.

[54] Johan Jensen (1895–1925). デンマークの数学者・技術者. いわゆるアカデミックなポストに就くことはなく，電話会社の技術者として働く一方，デンマーク数学会の会長にもなった. なお，日本ではイェンセンとする表記も多い.

---

134 ▶ **6** 部分正則性

が存在し，$\lambda_1(t_0) \geq \lambda_2(t_0)$ となっている．$\lambda_1(t_0) \geq \lambda_0(t) \geq \lambda_2(t_0)$ となるように $\lambda_0(t_0)$ を選べば，(6.2.1) を満たすことは (6.2.2) より従う．

また，(6.2.1) から f が凸であることは容易に示せる．　　　□

定理 6.2.2（イェンゼンの不等式）　$I \subset \mathbb{R}$ を区間とし，$\phi : I \to \mathbb{R}$ を凸関数とする．有界領域 $\Omega \subset \mathbb{R}^m$ 上で定義された関数 $f : \Omega \to I$ に対して次の不等式が成り立つ．

$$\phi\Big(\fint_\Omega f(x)dx\Big) \leq \fint_\Omega \phi(f(x))dx \qquad (6.2.3)$$

証明　$x \in \Omega$ に対し，

$$t_0 := \fint_\Omega f dx, \quad t := f(x)$$

とおき，補題 6.2.1 を ϕ に対して用いると，ある $\lambda(t_0)$ に対して，

$$\phi\big(f(x)\big) \geq \lambda(t_0)\Big(f(x) - \fint_\Omega f dx\Big) + \phi\Big(\fint_\Omega f dx\Big)$$

を得る．Ω 上でこの両辺の積分平均をとれば，(6.2.3) を得る．　□

上では，凸関数に対する通常の形で述べたが，証明から容易に分かるように凹関数に対しては逆向きの不等式が成り立つ．すなわち，凹関数 ψ に対しては，

$$\psi\Big(\fint_\Omega f(x)dx\Big) \geq \fint_\Omega \psi(f(x))dx \qquad (6.2.4)$$

が成り立つ．以下で用いるのはこちらのほうである．

以上で部分正則生に関するジャクインタ–ジュスティの定理 [5] を述べる準備が整った．以下では **quadratic 汎関数**と呼ばれる次の形の汎関数を扱う．$u : \Omega \subset \mathbb{R}^m \to \mathbb{R}^n$ に対して，

$$\mathcal{Q}(u) := \int_\Omega A_{ij}^{\alpha\beta}(x, u) D_\alpha u^i D_\beta u^j dx \qquad (6.2.5)$$

と定義する．ただし，$A = (A_{ij}^{\alpha\beta}) : \Omega \times \mathbb{R}^n \to \mathbb{R}^{m^2 n^2}$ は次の条件を満たしているとする．

(A-1)　$A_{ij}^{\alpha\beta}(x, u) = A_{ji}^{\beta\alpha}(x, u), \quad \forall (x, u) \in \Omega \times \mathbb{R}^n.$

6.2　部分正則性　◀　135

(A-2)　ある $\Lambda \geq \lambda > 0$ に対して,

$$|A| \leq \Lambda \quad \forall (x,u) \in \Omega \times \mathbb{R}^n,$$

$$A_{ij}^{\alpha\beta}(x,u)\xi_\alpha^i \xi_\beta^j \geq \lambda |\xi|^2 \quad \forall (x,u,\xi) \in \Omega \times \mathbb{R}^n \times \mathbb{R}^{mn} \quad (6.2.6)$$

が成り立つ.

(A-3) ある連続で単調増加な凹関数 $\omega : [0, +\infty) \to [0, K)$ $(K > 0)$ で $\omega(0) = 0$ を満たすものに対して,

$$|A(x,u) - A(y,v)| \leq \omega(|x-y|^2 + |u-v|^2) \quad (6.2.7)$$
$$\forall (x,u), (y,v) \in \Omega \times \mathbb{R}^n.$$

定理 6.2.3（ジャクインター–ジュスティ [5]）　$A_{ij}^{\alpha\beta}(x,u)$ は上の条件 (A-1)–(A-3) を満たすとし，$\mathcal{Q}$ を (6.2.5) で定義された汎関数とする. $u \in W_{\text{loc}}^{1,2}(\Omega; \mathbb{R}^n)$ を $\mathcal{Q}$ を局所的に最小化する関数とする. このとき，ある開集合 $\Omega_0 \subset \Omega$ で，任意の $\alpha \in (0,1)$ に対して $u \in C^\alpha(\Omega_0)$ となるものが存在する. さらに，この Ω_0 は，

$$\Omega \setminus \Omega_0 = \left\{ x_0 \in \Omega \; ; \; \liminf_{r \to 0} r^{2-m} \int_{B(x_0,r)} |Du|^2 dx > 0 \right\} \quad (6.2.8)$$

を満たし，ある $\delta_0 > 0$ に対して $\dim^{\mathcal{H}}(\Omega \setminus \Omega_0) < m - 2 - \delta_0$ となる.

証明　まず，$D \Subset \Omega$ となる D を任意にとる. $x_0 \in D$ を任意にとり，$0 < 2R < \text{dist}(x_0, \partial D)$ となるように R を選ぶ. また，$r \in (0, 2R]$ に対して，$B_r := B(x_0, r)$ と書くこととする.

$$u_R := u_{x_0, R} = \fint_{B_R} u(x)dx$$

に対して，$v \in W^{1,2}(B_R, \mathbb{R}^n)$ を次の **frozen functional** と呼ばれる汎関数[55]，

$$\mathcal{Q}_0(w) := \int_{B_R} A_{ij}^{\alpha\beta}(x_0, u_R) D_\alpha w^i(x) D_\beta w^j(x) dx$$

の $u + W_0^{1,2}(B_R, \mathbb{R}^n)$ における最小点とする. v は $\mathcal{Q}_0$ のオイラー–ラグランジュ方程式，

$$D_\beta \left(A_{ij}^{\alpha\beta}(x_0, u_R) D_\alpha u^i \right) = 0 \quad (i = 1, ..., n) \quad (6.2.9)$$

[55] 係数の変数 (x,u) を「凍らせた」という意味であろう. 直訳すると「冷凍汎関数」であるが，数学用語としては違和感があり，また，「解凍」しないと使えなさそうな印象を与えかねないので，本書では英語表記のまま用いることとする.

（定数係数線形方程式系！）の弱解となるので，系 4.2.2 より，ある定数 $c_0 > 0$ に対して，

$$\int_{B_r} |Dv|^2 dx \le c_0 \left(\frac{r}{R}\right)^m \int_{B_R} |Dv|^2 dx \tag{6.2.10}$$

を満たしている．

また，$\mathcal{Q}$ は (5.3.2) を満たしているので，系 5.3.6 より，ある $p > 2$ に対して $Du \in L_{\mathrm{loc}}^p(\Omega)$ であり，さらにある定数 $c_1 > 0$ が存在して，

$$\left(\fint_{B_R} (1 + |Du|)^p dx\right)^{1/p} \le c_1 \left(\fint_{B_{2R}} (1 + |Du|)^2 dx\right)^{1/2} \tag{6.2.11}$$

が成り立つ．さらに，v に対して系 5.3.7 を用いると，必要なら $p > 2$ をより小さくとり直して，やはりある定数 $c_2 > 0$ に対して，

$$\int_{B_R} (1 + |Dv|)^p dx \le c_2 \int_{B_R} (1 + |Du|)^p dx \tag{6.2.12}$$

が成り立つことが分かる．

以下，u に対して (6.2.10) のような（実際には少し弱い）評価式を得るために，$\int |Du - Dv|^2 dx$ を評価していく．大雑把に言うと，目標としては「R が十分小さければ，$\int |Du - Dv|^2 dx$ が十分小さくなり，$\int_{B_R} |Du|^2 dx$ と $\int_{B_R} |Dv|^2 dx$ があまり違わない」ことを示したい．

まず，v が (6.2.9) の弱解であることと，$u - v \in W_0^{1,2}(B_R, \mathbb{R}^n)$ であることより，

$$\int_{B_R} A_{ij}^{\alpha\beta}(x_0, u_R) D_\alpha v^i D_\beta (u - v)^j dx = 0 \tag{6.2.13}$$

となることに注意すると，(6.2.6) より，

$$\lambda \int_{B_R} |Du - Dv|^2 dx$$
$$\le \int_{B_R} A_{ij}^{\alpha\beta}(x_0, u_R) D_\alpha (u - v)^i D_\beta (u - v)^j dx$$
$$\quad + 2 \int_{B_R} A_{ij}^{\alpha\beta}(x_0, u_R) D_\alpha v^i D_\beta (u - v)^j dx$$
$$= \int_{B_R} A_{ij}^{\alpha\beta}(x_0, u_R) D_\alpha (u + v)^i D_\beta (u - v)^j dx$$
$$= \mathcal{Q}_0(u) - \mathcal{Q}_0(v)$$

となることが分かる．さらに，u が Q を局所的に最小化することを
用いると，

$$
\begin{aligned}
& \mathcal{Q}_0(u) - \mathcal{Q}_0(v) \\
&= \mathcal{Q}_0(u) - \mathcal{Q}(u; B_R) + \mathcal{Q}(u; B_R) - \mathcal{Q}(v; B_R) \\
&\quad + \mathcal{Q}(v; B_R) - \mathcal{Q}_0(v) \\
&\leq \mathcal{Q}_0(u) - \mathcal{Q}(u; B_R) + \mathcal{Q}(v; B_R) - \mathcal{Q}_0(v)
\end{aligned}
$$

と評価できる．これらより，不等式，

$$
\begin{aligned}
& \int_{B_R} |Du - Dv|^2 dx \\
&\leq \frac{1}{\lambda}\big(\mathcal{Q}_0(u) - \mathcal{Q}(u; B_R) + \mathcal{Q}(v; B_R) - \mathcal{Q}_0(v)\big) \quad (6.2.14)
\end{aligned}
$$

を得る．まず，$\mathcal{Q}_0(u) - \mathcal{Q}(u; B_R)$ を評価していこう．(6.2.7) より，

$$
\begin{aligned}
& |\mathcal{Q}_0(u) - \mathcal{Q}(u; B_R)| \\
&\leq \int_{B_R} \big|\big(A_{ij}^{\alpha\beta}(x_0, u_R) - A^{\alpha\beta}ij(x, u)\big)D_\alpha u^i D_\beta u^j\big| dx \\
&\leq \int_{B_R} \omega(|x - x_0|^2 + |u - u_R|^2)|Du|^2 dx \quad (6.2.15)
\end{aligned}
$$

とできるが，これをさらに評価していこうとするとき，ω が有界だ
からといって，上限をとって積分の前に出してしまうと，ω の中に
入っている $|u - u_0|$ の上限 $\sup_{B_R} |u - u_0|$ を小さくできない限り，
$\int_{B_R} |Du - Dv|^2 dx$ を小さくしたいという目標は達成できない．そ
こで，ω にも積分記号がかかったままの形で評価するため，ヘルダー
の不等式が使いたくなる．ここで役に立つのが，$|Du|$ の higher in-
tegrability と (6.2.11) である．(6.2.11) の前で述べたように，ある
$p > 2$ に対して $Du \in L_{\mathrm{loc}}^p(\Omega; \mathbb{R}^n)$ なので，ヘルダーの不等式を用
いて，

$$
\begin{aligned}
& \int_{B_R} \omega(|x - x_0|^2 + |u - u_R|^2)|Du|^2 dx \\
&\leq \Big(\int_{B_R} \omega^{p/(p-2)}(R^2 + |u - u_R|^2)dx\Big)^{(p-2)/p} \\
&\qquad \times \Big(\int_{B_R} |Du|^p dx\Big)^{2/p} \quad (6.2.16)
\end{aligned}
$$

となる．一方，Du に対する逆ヘルダー不等式 (6.2.11) より，

$$\Big(\int_{B_R} |Du|^p dx\Big)^{2/p}$$
$$\leq 2^{-m}(\omega_m R^m)^{(2-p)/p}\int_{B_{2R}} (1+|Du|)^2 dx \qquad (6.2.17)$$

を得るので，これらより，

$$\int_{B_R} \omega(|x-x_0|^2 + |u-u_R|^2)|Du|^2 dx$$
$$\leq 2^m \Big(\fint_{B_R} \omega^{p/(p-2)}(R^2 + |u-u_R|^2)dx\Big)^{(p-2)/p}$$
$$\times \int_{B_{2R}} (1+|Du|)^2 dx \qquad (6.2.18)$$

を得る．次に $\fint \omega dx$ を評価しよう．$0 \leq \omega < K$ であることと，イェンゼンの不等式 (6.2.4) とポアンカレの不等式 (1.3.18) を用いて，

$$\fint_{B_R} \omega^{p/(p-2)}(R^2 + |u-u_R|^2)dx$$
$$\leq K^{2/(p-2)}\omega\Big(\fint_{B_R}(R^2 + |u-u_R|^2)dx\Big)$$
$$\leq K^{2/(p-2)}\omega\Big(R^2 + \fint_{B_R}|u-u_R|^2 dx\Big)$$
$$\leq K^{2/(p-2)}\omega\Big(R^2 + C_{P3}R^{-2}\fint_{B_R}|Du|^2 dx\Big) \qquad (6.2.19)$$

となる．ここで，C_{P3} は (1.3.18) に現れた m（と指数，この場合は 2）にのみ依存して定まる定数である．

(6.2.15), (6.2.18), (6.2.19) より，

$$|\mathcal{Q}_0(u) - \mathcal{Q}(u;B_R)|$$
$$\leq c_3 \omega\Big(R^2 + C_{P3}R^{-2}\fint_{B_R}|Du|^2 dx\Big)$$
$$\times \int_{B_{2R}}(1+|Du|)^2 dx \qquad (6.2.20)$$

を得る．ここで，c_3 は λ, m, K, p にのみ依存して定まる定数である．さらに，p は系 5.3.6 で与えられ，考えている汎関数 Q にのみ依存する．したがって，この定数 c_3 は，次元 m と汎関数のみに依

6.2 部分正則性 ◀ *139*

存して定まり，u と R によらない.

次に $|\mathcal{Q}_0(v) - \mathcal{Q}(v; B_R)|$ を評価する．まず，上と同様に，

$$|\mathcal{Q}_0(v) - \mathcal{Q}(v; B_R)|$$

$$\leq \int_{B_R} \omega(|x - x_0|^2 + |v - u_R|^2)|Dv|^2 dx$$

$$\leq \Big(\int_{B_R} \omega^{p/(p-2)}(R^2 + |v - u_R|^2) dx \Big)^{(p-2)/p}$$

$$\times \Big(\int_{B_R} |Dv|^p dx \Big)^{2/p} \qquad (6.2.21)$$

を得る．(6.2.12) と (6.2.11) を用いて $\int_{B_R} |Dv|^p dx$ を評価し，ω に対しては，上と同様にイェンゼンの不等式を用いると，$|v - u_R| \leq |v - u| + |u - u_R|$ であることより，

$$\int_{B_R} \omega(|x - x_0|^2 + |v - u_R|^2)|Dv|^2 dx$$

$$\leq c_4 \omega\Big(R^2 + \fint_{B_R} |v - u|^2 dx + \fint_{B_R} |u - u_R|^2 dx \Big)$$

$$\times \int_{B_{2R}} (1 + |Du|)^2 dx \qquad (6.2.22)$$

を得る．$\fint_{B_R} |v - u|^2 dx$ に対して，(1.3.15) を用い，さらに，

$$\int_{B_R} |Dv|^2 dx \leq \frac{1}{\lambda} \mathcal{Q}(v; B_R) \leq \frac{1}{\lambda} \mathcal{Q}(u; B_R)$$

$$\leq \frac{\sup |A|}{\lambda} \int_{B_R} |Du|^2 dx$$

を用いれば，

$$\fint_{B_R} |v - u|^2 dx \leq C_{P1} R^{2-m} \int_{B_R} (|Dv|^2 + |Du|^2) dx$$

$$\leq c_5 R^{2-m} \int_{B_R} |Du|^2 dx \qquad (6.2.23)$$

と評価できる．(6.2.21), (6.2.22), (6.2.23) より，$|\mathcal{Q}_0(u) - \mathcal{Q}(u; B_R)|$ と同様に，

$$|\mathcal{Q}_0(v) - \mathcal{Q}(v; B_R)|$$

$$\leq c_6 \omega\Big(R^2 + c_7 R^{-2} \fint_{B_R} |Du|^2 dx \Big) \cdot \int_{B_{2R}} (1 + |Du|)^2 dx \qquad (6.2.24)$$

140 ▶ **6** 部分正則性

と評価できる. ここでも c_6, c_7 は m と汎関数 $\mathcal{Q}$ にのみ依存して定まる.

(6.2.14), (6.2.20), (6.2.24) より, 次の評価を得る.

$$
\int_{B_R} |Du - Dv|^2 dx
$$
$$
\leq c_8 \omega\Big(R^2 + c_9 R^{-2} \fint_{B_R} |Du|^2 dx\Big) \cdot \int_{B_{2R}} (1 + |Du|)^2 dx
$$
$$
\leq c_8 \omega\Big(R^2 + c_9 R^{-2} \fint_{B_R} |Du|^2 dx\Big)
$$
$$
\times \int_{B_{2R}} |Du|^2 dx + c_{10}(m, M) R^m. \qquad (6.2.25)
$$

(6.2.10) と (6.2.25) より,

$$
\int_{B_r} |Du|^2 dx \leq 2 \int_{B_r} |Dv|^2 dx + 2 \int_{B_r} |Du - Dv|^2 dx
$$
$$
\leq c_{11}\Big[\Big(\frac{r}{R}\Big)^m + \omega\Big(R^2 + c_9 R^{2-m} \int_{B_R} |Du|^2 dx\Big)\Big]
$$
$$
\times \int_{B_{2R}} |Du|^2 dx + c_{10} R^m \qquad (6.2.26)
$$

を得る. さて, ここでは右辺に R と $2R$ が混在していて, このままではなにかと不都合なので, ω の中の積分の積分領域も B_{2R} に広げ, $2R$ を R, $\omega((1+c_9 2^{m-2})t)$ を $\omega(t)$ とおき直し, $c_{12} = \max\{2^m c_{11}, c_{10}\}$ とおくと, $r < R/2$ に対して,

$$
\int_{B_r} |Du|^2 dx
$$
$$
\leq c_{12}\Big[\Big(\frac{r}{R}\Big)^m + \omega\Big(R^2 + R^{2-m} \int_{B_R} |Du|^2 dx\Big)\Big]
$$
$$
\times \int_{B_R} |Du|^2 dx + c_{12} R^m \qquad (6.2.27)
$$

という評価式を得る. さて, これから**反復法**と呼ばれる方法を用いる. まず, 上の評価式において, ある $\tau \in (0, 1/2)$ に対して $r = \tau R$ とおき, そもそも評価したかった量が $r^{2-m} \int_{B_r} |Du|^2 dx$ であったことを思い出して, 両辺を $(\tau R)^{m-2}$ で割ると,

$$
(\tau R)^{2-m} \int_{B_{\tau R}} |Du|^2 dx
$$

$$\leq c_{12}\tau^2\Big[1+\tau^{-m}\omega\Big(R^2+R^{2-m}\int_{B_R}|Du|^2dx\Big)\Big]$$
$$\times R^{2-m}\int_{B_R}|Du|^2dx+c_{12}\tau^{2-m}R^2 \qquad (6.2.28)$$

となる. さらに, 見通しをよくするため,

$$\Phi(\rho):=\rho^{2-m}\int_{B_\rho}|Du|^2dx$$

とおくと,

$$\Phi(\tau R)\leq c_{12}\tau^2\Big[1+\tau^{-m}\omega\Big(R^2+\Phi(R)\Big)\Big]\Phi(R)$$
$$+c_{12}\tau^{2-m}R^2 \qquad (6.2.29)$$

となる.

　さて, ここからの議論では, 定数の決まる順番に注意してほしい. まず, $0<\alpha<\beta<1$ を満たす α, β を任意に選び, $\tau\in(0,1)$ を,

$$c_{12}\tau^2\leq\frac{1}{2}\tau^{2\beta}\leq\frac{1}{4} \qquad (6.2.30)$$

となるように選ぶ. さらに, この τ に対して,

$$\tau^{-m}\omega(2\varepsilon_0)\leq 1 \qquad (6.2.31)$$

を満たすように $\varepsilon_0\in(0,1)$ を選ぶ. $M=c_{12}\tau^{2-m}$ とおき, $R_0>0$ を,

$$MR_0^{2\alpha_0}<\frac{\varepsilon_0}{2},\quad R_0<\sqrt{\varepsilon_0},\quad R_0<\mathrm{dist}(x_0,\partial D) \qquad (6.2.32)$$

を満たすように選ぶ. このような R_0 は, 定理の中で与えられた条件と, 考えている球の中心から D の境界までの距離にのみ依存して定まることに注意しておく.

　さて, ここで次を仮定する.

> **仮定 #**
>
> ある $R\in(0,R_0)$ に対して, $\Phi(R)<\varepsilon_0$ である.

このとき, ε_0 のとり方と, (6.2.31) より,

$$\tau^{-m}\omega(R^2+\Phi(R))\leq 1 \qquad (6.2.33)$$

となる. $0 < \alpha < 1$ であることと, $0 < R < R_0 < 1$ であることより, $R^2 < R^{2\alpha}$ となるので, (6.2.33), (6.2.30) と (6.2.32) の一つ目の不等式を用いて, (6.2.29) から,

$$\Phi(\tau R) \leq \frac{1}{2}\tau^{2\beta}[1+1]\Phi(R) + MR^2$$

$$\leq \tau^{2\beta}\Phi(R) + MR^{2\alpha} \tag{6.2.34}$$

$$\leq \varepsilon_0 \tag{6.2.35}$$

を得る. (6.2.35) が成り立つので, R の代わりに τR に対しても (6.2.34) が成り立ち, さらにこれを繰り返すことが可能である. したがって, 任意の $k \in \mathbb{N}$ に対して,

$$\Phi(\tau^k R) \leq \tau^{2\beta}\Phi(\tau^{k-1}R) + M(\tau^{k-1}R)^{2\alpha}$$

$$\leq \tau^{2\beta}\big[\tau^{2\beta}\Phi(\tau^{k-2}R) + M(\tau^{k-2}R)^{2\alpha}\big] + M(\tau^{k-1}R)^{\alpha}$$

$$= \tau^{4\beta}\Phi(\tau^{k-2}R) + M(\tau^k R)^{2\alpha}\tau^{-2\alpha}\big(1 + \tau^{2(\beta-\alpha)}\big)$$

$$\leq \cdots\cdots$$

$$\cdots\cdots\cdots\cdots$$

$$\leq \tau^{2k\beta}\Phi(R) + M(\tau^k R)^{2\alpha}\tau^{-2\alpha}\sum_{j=1}^{k}\tau^{2(\beta-\alpha)j}$$

$$\leq \tau^{2k\beta}\Phi(R) + M(\tau^k R)^{2\alpha}\frac{\tau^{-2\alpha}}{1 - \tau^{2(\beta-\alpha)}}$$

$$= \tau^{2k\beta}\Phi(R) + B(\tau^k R)^{2\alpha} \tag{6.2.36}$$

が成り立つ. ただし, ここで, $B = M\tau^{-2\alpha}/(1 - \tau^{2(\beta-\alpha)})$ とおいた.

さて, 任意の $r \in (0, R)$ をとろう. $\tau^{k+1}R \leq r < \tau^k R$ を満たす $k \in \mathbb{N} \cup \{0\}$ を選ぶと,

$$\frac{r}{R} < \tau^k, \quad \frac{\tau^k R}{r} \leq \frac{1}{\tau}$$

であるので, Φ の定義を思い出すと, (6.2.36) より次の評価を得る.

$$r^{2-m}\int_{B_r}|Du|^2$$

$$\leq \tau^{2-m}(\tau^k R)^{2-m}\int_{B_{\tau^k R}}|Du|^2 dx$$

6.2 部分正則性 ◀ *143*

$$\leq \tau^{2-m}\Big(\tau^{2k\beta}R^{2-m}\int_{B_R}|Du|^2dx + B(\tau^k R)^{2\alpha}\Big)$$

$$\leq \tau^{m-2}\Big[\Big(\frac{r}{R}\Big)^{2\beta}R^{2-m}\int_{B_R}|Du|^2dx + B\tau^{-2\alpha}r^{2\alpha}\Big] \quad (6.2.37)$$

ここで，$r \leq R < 1$ に注意して，両辺を r^α で割ると，

$$r^{2-m-2\alpha}\int_{B_r}|Du|^2dx$$

$$\leq C(\tau)\Big(R^{2-m-2\alpha}\int_{B_R}|Du|^2dx + B\Big)$$

を得る．ここで $C(\tau)$ は τ にのみ依存して定まる定数であり，τ は (6.2.29) の定数 c_{12} と任意に選んだ α, β にのみ依存していた．したがって，$C(\tau)$ は任意に選んだ $\alpha \in (0,1)0$ と係数行列 A にのみ依存して定まる定数である[56]．また，$u \in W^{1,2}_{\mathrm{loc}}(\Omega, \mathbb{R}^n)$ とし，$D \Subset \Omega$ を証明の冒頭で固定し，$B_{2R} \subset D$ としているので，$R > 0$ が定まっていれば，

> [56] まず $\alpha \in (0,1)$ を選び，$\beta \in (\alpha, 1)$ は $\beta = (\alpha+1)/2)$ と選ぶというように決めておけば，「α, β に依存」を「α に依存」としてよい．

$$R^{2-m-2\alpha}\int_{B_R}|Du|^2dx \leq R^{2-m-2\alpha}\int_D|Du|^2dx$$

は u, R, D から定まる有限の値である．さて，途中で 仮定 # を仮定したので，ここまでで得られたのは次の命題である．

┌─ 命題♭ ──────────────────────────────

ある点 $x_0 \in D \Subset \Omega$ において，ある $R \in (0, R_0)$ に対して，

$$R^{2-m}\int_{B(x_0,R)}|Du|^2dx < \varepsilon_0 \quad (6.2.38)$$

が成り立てば，$0 < r < R$ に対して，

$$r^{2-m-2\alpha}\int_{B(x_0,r)}|Du|^2dx \leq C(A, \alpha, u, R, D)$$

がある有限な定数 $C(A, \alpha, u, R)$ に対して成り立つ．ただし，R_0 は定理において与えられた条件と，$\mathrm{dist}(x_0, \partial\Omega)$ のみに依存して選べる正数である．

└────────────────────────────────────

さて，ある点 x_0 において (6.2.38) が成り立てば，積分の（積分領域に関する）連続性より，x_0 のある近傍において，同じ R に対し

144 ▶ 6 部分正則性

て，(6.2.38) は成り立つ．したがって，集合 $\Omega_0 \subset \Omega$ を，

$$\Omega_0 := \Big\{ y \in \Omega \ ; \ \exists R \in \big(0, \mathrm{dist}(y, \partial\Omega)\big) \text{ s.t.}$$

$$R^{2-m} \int_{B(x,R)} |Du|^2 dx < \varepsilon_0 \Big\}$$

とおくと，Ω_0 は開集合で，命題♭よりモレーの定理（定理 4.1.8）を用いれば，任意の $D \Subset \Omega$ に対して $u \in C^{0,\alpha}(\Omega_0 \cap D)$ となり，したがって $u \in C^{0,\alpha}(\Omega_0)$ を得る．

また，Ω_0 の定義より，

$$\Omega \setminus \Omega_0 \subset \Big\{ x_0 \in \Omega \ ; \ \liminf_{r \to 0} r^{2-m} \int_{B(x_0,r)} |Du|^2 dx > 0 \Big\} \quad (6.2.39)$$

となることは明らかである．

一方，u は $\mathcal{Q}$ を局所的に最小化することより，(5.3.14) を得たのと同様の議論によって，カッチョッポリの不等式 (3.2.6)，

$$r^{2-m} \int_{B(x_0,r)} |Du|^2 dx \le c_{13} \fint_{B(x_0,2r)} |u - u_{2r}|^2 dx$$

が成り立つことが分かる．x_0 において u が連続なら，$r \to 0$ としたときこの右辺は 0 に収束する．したがって，(6.2.39) の右辺の集合は u の連続点を含まず，(6.2.39) の逆向きの包含関係が成り立ち，等号が成り立つことが分かる．

また，(6.2.11) で見たように，ある $p > 2$ に対して $Du \in L^p_{\mathrm{loc}}$ であったことを思い出すと，ヘルダーの不等式より，

$$r^{2-m} \int_{B(x_0,r)} |Du|^2 dx \le c_{14} \Big(r^{p-m} \int_{B(x_0,r)} |Du|^p dx \Big)^{2/p}$$

が成り立つので，(6.2.39) より，この $p > 2$ に対して，

$$\Omega \setminus \Omega_0 \subset \Big\{ x_0 \in \Omega \ ; \ \liminf_{r \to 0} r^{p-m} \int_{B(x_0,r)} |Du|^p dx > 0 \Big\}$$

となる．さらに，$|Du|^p \in L^1_{\mathrm{loc}}$ であることより，この節で準備した定理 6.1.4 を用いて，この右辺の集合のハウスドルフ次元は $m - p$ 未満であることが分かる．$p > 2$ であったので，$\delta_0 = p - 2$ とおけば，$\dim^{\mathcal{H}}(\Omega \setminus \Omega_0) < m - 2 - \delta_0$ を得る． $\square$

以上で，汎関数 $\mathcal{Q}$ の最小点 u の特異点集合のハウスドルフ次元が

6.2 部分正則性 ◀ *145*

$m-2-\delta_0$ 以下となることを示した. しかし, 第 4 章で挙げたジュスティとミランダによる例 4.4.3 では定義域の次元に関係なく, 特異点は 1 点のみであり, 特異点集合は 0-次元である. この例は $m \geq 3$ に対する例であるので, 特異点集合の次元と定義域の次元 m との差は少なくとも 3 あることになる. また, この例より大きな特異点集合を持つ例は今日まで見つかっていない. そこで, 「特異点集合の次元は, 前節の結果よりさらに下げて, $m-3$ とできるのではないか?」という疑問が湧いてくるだろう. 実際, 汎関数 Q に現れる係数が,

$$A_{ij}^{\alpha\beta}(x,u) = g^{\alpha\beta}(x)h_{ij}(x,u) \tag{6.2.40}$$

という形をしていて, さらに最小点 u が有界であると仮定すれば, 特異点集合の次元が $m-3$ 以下であることがジャクインタとジュイスティによって, 1984 年に示されている [6]. 本書はこの結果を紹介して終わりとしたい. 彼らは収束性補題, 単調性補題と呼ばれる二つの重要な結果を示し, それらを用いて次元降下法と呼ばれる方法により, これを示している.

なお, 以下において, しばしば添字を省略して,

$$A_{ij}^{\alpha\beta}(x,u)D_\alpha u^i D_\beta u^j = A(x,u)DuDu,$$
$$g^{\alpha\beta}(x)h_{ij}(x,u)D_\alpha u^i D_\beta u^j = g(x)h(x,u)DuDu$$

等と略記する.

6.3 収束性補題と単調性補題

まず, 収束性補題と呼ばれる次の補題を示す. 以下の節において, $B = B(0,1)$, $B_r = B(0,r)$ と書くこととする.

補題 6.3.1([6, Lemma 1]) $A^{(\nu)}(x,u) = \left(A_{ij}^{\alpha\beta(\nu)}(x,u)\right)$ を $B \times \mathbb{R}^n$ 上である $A(x,u) = \left(A_{ij}^{\alpha\beta}(x,u)\right)$ に一様収束する連続関数列で, 各 $A^{(\nu)}(x,u)$ が $\Omega = B$ 上で, 前節の (A-1), (A-2), (A-3) を, ν に関係ない $\Lambda \geq \lambda > 0$, ω に対して満たすものとする.

汎関数 $Q^{(\nu)}$ と Q を, $v : B \to \mathbb{R}^n$ に対し,

146 ▶ 6 部分正則性

$$\mathcal{Q}^{(\nu)}(v) := \int_B A_{ij}^{\alpha\beta(\nu)}(x,v) D_\alpha v^i D_\beta v^j dx, \qquad (6.3.1)$$

$$\mathcal{Q}(v) := \int_B A_{ij}^{\alpha\beta}(x,v) D_\alpha v^i D_\beta v^j dx \qquad (6.3.2)$$

と定義する. $u^{(\nu)} \in W_{\text{loc}}^{1,2}(\Omega; \mathbb{R}^n)$ を $\mathcal{Q}^{(\nu)}$ の局所的最小点とし, ある関数 $\bar{u}$ に, $L^2(B)$ において弱収束していると仮定する. このとき, $\bar{u} \in W_{\text{loc}}^{1,2}(B)$ であり, $\bar{u}$ は $\mathcal{Q}$ を局所的に最小化する.

さらに, $x^{(\nu)}$ を $u^{(\nu)}$ の特異点とし, $\lim_{\nu \to \infty} x^{(\nu)} = \bar{x} \in B$ であるとすると, $\bar{x}$ は $\bar{u}$ の特異点となる.

証明 点 $x_0 \in B$ をとり, $B(x_0, 4r) \subset B$ となるように $r > 0$ をとっておく. (5.3.14) を示したときと同様の議論 ((5.3.14) における $3r/4, \rho, t$ をそれぞれ $4r, 2r, 4r$ として) により, $u^{(\nu)}$ に対してカッチョッポリの不等式,

$$\int_{B(x_0,2r)} (1 + |Du^{(\nu)}|)^2 dx \le \frac{c}{r^2} \int_{B(x_0,4r)} |u^{(\nu)} - u_0|^2 dx \quad (6.3.3)$$

が任意の $u_0 \in \mathbb{R}^n$ に対して成り立つ. $\{u^{(\nu)}\}$ は $L^2(B)$ で弱収束すると仮定しているので, $\|u^{(\nu)}\|_{L^2(B)}$ は有界列, すなわち, ある c_0 に対して,

$$\int_B |u^{(\nu)}|^2 dx \le c_0 \qquad (6.3.4)$$

を満たしている. したがって, (6.3.3) より, ある定数 c_1 に対して,

$$\int_{B(x_0,2r)} (1 + |Du^{(\nu)}|)^2 dx \le \frac{c_1}{r^2} \qquad (6.3.5)$$

と, ν に関して一様に評価できる.

さて, $B(x_0, 2r)$ 上で系 5.3.6 を用いると, ある $q > 2$ に対して,

$$\Big(\int_{B(x_0,r)} (1+|Du^{(\nu)}|)^q dx\Big)^{1/q} \le c_2 \Big(\int_{B(x_0,2r)} (1+|Du^{(\nu)}|)^2 dx\Big)^{1/2}$$

が成り立つ. これと, (6.3.5) より, r には依存するが, ν によらない定数 $C(r)$ が存在して,

$$\int_{B(x_0,r)} (1+|Du^{(\nu)}|)^q dx \le C(r) \qquad (6.3.6)$$

を満たす.

$R \in (0,1)$ となる R をとり $B_R := B(0,R)$ とおく．B_R を，中心 $x_j \in B_R$，半径 $r = (1-R)/5$ の，できるだけ少ない k_0 個の球 $B(x_j, r)$ で被覆する．このとき，$B(x_j, 4r) \subset B$ であることに注意すると，各 $B(x_j, r)$ 上で (6.3.6) が成り立つので，これを足し合わせれば，ある定数 $C_0(R)$ が存在して，

$$\int_{B_R} |Du^{(\nu)}|^q dx \le C_0(R) \qquad (6.3.7)$$

となる．$C_0(R)$ は $C(r)$ の他に，被覆する球の個数 k_0 にも依存するが，r が R から決まっているので，k_0 は次元 m と R にのみ依存して定めることができる．したがって，$C_0(R)$ は，与えられた条件に現れる定数と，R, m にのみ依存し，ν と $u^{(\nu)}$ にはよらない．

(6.3.4) と (6.3.7) より，$\{u^{(\nu)}\}$ は $W^{1,2}(B_R)$ における有界列となっていることが分かる．したがって，系 1.2.9 と定理 1.3.8 を用いると，$\{u^{(\nu)}\}$ の部分列で，ある $\tilde{u} \in W^{1,2}(B_R)$ に弱収束するものがとれる．この部分列を改めて $\{u^{(\nu)}\}$ と書こう．なお，以後部分列をとっても，特に断ることなく番号づけを適宜変更し，改めて $\{u^{(\nu)}\}$ とおくこととする．

一方，$L^2(B)$ で $u^{(\nu)} \rightharpoonup \bar{u}$ と仮定しているので，弱収束極限の一意性より，B_R 上で $\bar{u} = \tilde{u}$，つまり，

$$u^{(\nu)} \rightharpoonup \bar{u} \quad \text{in} \quad W^{1,2}(B_R)$$

である．レリッヒの定理の系 1.3.27 より，必要ならさらに部分列をとって，$u^{(\nu)}$ は $\bar{u}$ に $L^{2^*}(B_R)$ で強収束し，したがって L^{2^*} の有界列である．(6.3.6) の q と 2^* の小さいほうを改めて q とおくと，(6.3.6) と合わせて，$u^{(\nu)}$ は $W^{1,q}(B_R)$ の有界列となる．したがって，再び系 1.2.9 と定理 1.3.8 を用いて前と同様の議論をすると，部分列をとることにより，$\{u^{(\nu)}\}$ は $W^{1,q}(B_R)$ で $\bar{u}$ に弱収束することが分かる．

以上，ここまでで $\{u^{(\nu)}\}$ の収束について分かったことをまとめると以下のようになる．

$$u^{(\nu)} \to \bar{u} \text{ (strongly)}, \qquad \text{in} \quad L^q(B_R) \qquad (6.3.8)$$

$$u^{(\nu)} \rightharpoonup \bar{u} \text{ (weakly)}, \qquad \text{in} \quad W^{1,q}(B_R) \qquad (6.3.9)$$

$$u^{(\nu)} \to \bar{u} \quad \text{a.e. on } B_R. \tag{6.3.10}$$

さて，いよいよ証明の本筋に入る．まず，

$$\mathcal{Q}(\bar{u}; B_R) \le \liminf_{\nu \to \infty} \mathcal{Q}^{(\nu)}(u^{(\nu)}; B_R) \tag{6.3.11}$$

を示そう．

$$\mathcal{Q}^{(\nu)}(u^{(\nu)}; B_R)$$
$$= \int_{B_R} A(x, \bar{u}) D u^{(\nu)} D u^{(\nu)} dx$$
$$\quad + \int_{B_R} \left(A^{(\nu)}(x, u^{(\nu)}) - A(x, \bar{u}) \right) D u^{(\nu)} D u^{(\nu)} dx$$
$$=: I + I\!I$$

と変形しよう．I は ν に無関係な有界関数を係数としており，条件 (A-2) より凸である．したがって，定理 2.3.3 より，弱収束 $D u^{(\nu)} \rightharpoonup D\bar{u}$ に関して下半連続である．すなわち，

$$\liminf_{\nu \to \infty} I \ge \int_{B_R} A(x, \bar{u}) D\bar{u} D\bar{u} dx = \mathcal{Q}(\bar{u}; B_R) \tag{6.3.12}$$

である．したがって，$I\!I \to 0$ を示せば，(6.3.11) が示せる．

(6.3.7) に注意すれば，ヘルダーの不等式を用いて，

$$|I\!I| \le \int_{B_R} |A^{(\nu)}(x, u^{(\nu)}) - A(x, \bar{u})| \cdot |Du^{(\nu)}|^2 dx$$
$$\le \left(\int_{B_R} |A^{(\nu)}(x, u^{(\nu)}) - A(x, \bar{u})|^{q/(q-2)} dx \right)^{(q-2)/q}$$
$$\quad \cdot \left(\int_{B_R} |Du^{(\nu)}|^q dx \right)^{1/q}$$
$$\le \left(C_0(R) \right)^{1/q}$$
$$\quad \cdot \left(\int_{B_R} |A^{(\nu)}(x, u^{(\nu)}) - A(x, u)|^{q/(q-2)} dx \right)^{(q-2)/q}$$

と評価できる．条件 (A-2) と $A^{(\nu)} \rightrightarrows A$ より，$|A| \le \Lambda$ であり，また，$u^{(\nu)} \to \bar{u}$ (a.e. $x \in B_R$) であることより，

$$2\Lambda \ge |A^{(\nu)}(x, u^{(\nu)}) - A(x, \bar{u})| \to 0 \quad (\text{a.e. } x \in B_R) \tag{6.3.13}$$

である．したがって，ルベーグの優収束定理により，

$$\left(\int_{B_R} |A^{(\nu)}(x, u^{(\nu)}) - A(x, \bar{u})|^{q/(q-2)} dx\right)^{(q-2)/q} \to 0$$

となり，$I\!I \to 0$ が示せ，(6.3.11) が従う．

次に，(6.3.11) を用いて $\bar{u}$ の最小性を示す．B_R の境界および外部で $\bar{u}$ と一致する $w \in W^{1,2}(B; \mathbb{R}^n)$ を任意に選ぶ．$\mathcal{Q}(u; B_R) \leq \mathcal{Q}(w; B_R)$ を示したい．$\eta \in C^1(B)$ を $0 \leq \eta \leq 1$，ある $\rho \in (0, R)$ に対して B_ρ 上で 0，B_R の外部で 1 となり，さらに $|D\eta| \leq 2/(R - \rho)$ を満たすものとする．

$$v^{(\nu)} := w + \eta(u^{(\nu)} - \bar{u})$$

とおくと，∂B_R 上では $v^{(\nu)} = u^{(\nu)}$ であるので，$u^{(\nu)}$ の最小性より，

$$\mathcal{Q}^{(\nu)}(u^{(\nu)}; B_R) \leq \mathcal{Q}^{(\nu)}(v^{(\nu)}, B_R) \tag{6.3.14}$$

となることに，まず注意しておく．(6.3.11) より，$\mathcal{Q}(\bar{u}; B_R)$ は左辺の下極限以下であることが分かっているので，右辺が $\mathcal{Q}(w; B_R)$ に近づくことを示せば，w の任意性より，$\bar{u}$ の最小性が示せる．

また，

$$Dv^{(\nu)} = Dw + (u^{(\nu)} - \bar{u})D\eta + \eta(Du^{(\nu)} - D\bar{u}) \tag{6.3.15}$$

であるので，

$$\begin{aligned}
&\left|\mathcal{Q}^{(\nu)}(v^{(\nu)}; B_R) - \mathcal{Q}(v^{(\nu)}; B_R)\right| \\
&\leq \int_{B_R} |A^{(\nu)}(x, v^{(\nu)}) - A(x, v^{(\nu)})| \cdot |Dv^{(\nu)}|^2 dx \\
&\leq c_3 \int_{B_R} |A^{(\nu)}(x, v^{(\nu)}) - A(x, v^{(\nu)})| \cdot |Dw|^2 dx \\
&\quad + c_3 \int_{B_R} |A^{(\nu)}(x, v^{(\nu)}) - A(x, v^{(\nu)})| \cdot |D\eta|^2 \cdot |u^{(\nu)} - \bar{u}| dx \\
&\quad + c_3 \int_{B_R} |A^{(\nu)}(x, v^{(\nu)}) - A(x, v^{(\nu)})| \cdot \eta^2 |Du^{(\nu)}|^2 dx \\
&\quad + c_3 \int_{B_R} |A^{(\nu)}(x, v^{(\nu)}) - A(x, v^{(\nu)})| \cdot \eta^2 |D\bar{u}|^2 dx \\
&=: I\!I\!I + I\!V + V + V\!I \tag{6.3.16}
\end{aligned}$$

150 ▶ 6 部分正則性

と評価できる. $Ⅲ$ と $Ⅵ$ については, (6.3.13) を得たのと同様に,

$$2\Lambda \geq |A^{(\nu)}(x,v^{(\nu)}) - A(x,v^{(\nu)})| \to 0, \qquad \text{a.e. } x \in B_R \quad (6.3.17)$$

であることから, ルベーグの優収束定理を用いて,

$$|Ⅲ|, |Ⅵ| \to 0, \quad (\nu \to \infty) \tag{6.3.18}$$

となることが分かる.

また, $u^{(\nu)} \to \bar{u} \ (L^2(B_R))$ であるから,

$$|Ⅳ| \leq c_4\lambda\Big(\frac{1}{R-\rho}\Big)^2 \int_{B_R} |u^{(\nu)} - \bar{u}|^2 dx \to 0 \tag{6.3.19}$$

となる.

さらに, (6.3.7) に注意すれば, ヘルダーの不等式より,

$$|V| \leq c_3 C_0(R)^{2/q} \int_{B_R} |A^{(\nu)}(x,v^{(\nu)}) - A(x,v^{(\nu)})|^{q/(q-2)} dx$$

となり, 再び (6.3.17) に注意してルベーグの優収束定理を用いれば, $|V| \to 0$ となることも分かる.

以上より,

$$\left| \mathcal{Q}^{(\nu)}(v^{(\nu)};B_R) - \mathcal{Q}(v^{(\nu)};B_R) \right| \to 0 \tag{6.3.20}$$

となることが分かった.

次のステップとして, $\mathcal{Q}(v^{(\nu)};B_R)$ と $\mathcal{Q}(w;B_R)$ を比較したい. B_R を,

$$\mathcal{B}_1 := \{x \in B_R \ ; \ \eta(x) = 0\} \ \ (\supset B_\rho)$$
$$\mathcal{B}_2 := \{x \in B_R \ ; \ \eta(x) > 0\} \ \ (\subset B_R \setminus B_\rho)$$

と分割すると, $\mathcal{B}_1$ 上では $v^{(\nu)} = w$ であるので,

$$\mathcal{Q}(v^{(\nu)};B_R)$$
$$= \int_{\mathcal{B}_1} A(x,w)DwDw dx + \int_{\mathcal{B}_2} A(x,v^{(\nu)})Dv^{(\nu)}Dv^{(\nu)} dx$$
$$= \mathcal{Q}(w;B_R) - \int_{\mathcal{B}_2} A(x,w)DwDw dx$$

$$+ \int_{\mathcal{B}_2} A(x, v^{(\nu)}) Dv^{(\nu)} Dv^{(\nu)} dx$$

$$=: \mathcal{Q}(w; B_R) - VII + VIII \tag{6.3.21}$$

と書き直せる.

(6.3.15) より,

$$|VIII| \le c_5 \left(\int_{B_R \setminus B_\rho} |Dw|^2 dx + \frac{1}{(R-\rho)^2} \int_{B_R \setminus B_\rho} |u^{(\nu)} - \bar{u}|^2 dx \right.$$

$$\left. + \int_{B_R \setminus B_\rho} |Du^{(\nu)}|^2 dx + \int_{B_R \setminus B_\rho} |D\bar{u}|^2 dx \right) \tag{6.3.22}$$

と評価できる. 上の式の右辺のうち, 第2項は $\nu \to \infty$ のとき 0 に収束する. 第3項については, ヘルダーの不等式と (6.3.7) を用いて,

$$\int_{B_R \setminus B_\rho} |Du^{(\nu)}|^2 dx$$

$$\le \left(\int_{B_R \setminus B_\rho} 1 dx \right)^{(q-2)/q} \left(\int_{B_R \setminus B_\rho} |Du^{(\nu)}|^q dx \right)^{1/q}$$

$$\le c_6 (R^m - \rho^m)^{(q-2)/q} C_0(R) \tag{6.3.23}$$

となり, 第4項も, $u^{(\nu)} \to \bar{u}$ (L^q) であることと, 弱収束に関してノルムが下半連続であることより,

$$\int_{B_R \setminus B_\rho} |D\bar{u}|^2 dx \le c_6 (R^m - \rho^m)^{(q-2)/q} C_0(R) \tag{6.3.24}$$

と評価できる. したがって,

$$\limsup_{\nu \to \infty} |VIII|$$

$$\le c_7 \left(\int_{B_R \setminus B_\rho} |Dw|^2 dx + (R^m - \rho^m)^{(q-2)/q} \right) \tag{6.3.25}$$

を得る.

次に, 任意に $\varepsilon > 0$ をとる. 積分の絶対連続性より, この ε に対して, ρ を R に十分近くとると,

$$\int_{B_R \setminus B_\rho} |Dw|^2 dx \le \varepsilon \tag{6.3.26}$$

とできる. このとき,

$$|V\!I\!I| \leq \Lambda\varepsilon \qquad (6.3.27)$$

となる．また，必要ならさらに ρ を R の近くにとり直して，

$$(R^m - \rho^m)^{(q-2)/q} \leq \varepsilon \qquad (6.3.28)$$

としておく．

(6.3.21), (6.3.25)–(6.3.28) より，$\rho < R$ を R に十分近くとることにより，任意の $\varepsilon > 0$ に対して，

$$\limsup_{\nu \to \infty} \mathcal{Q}(v^{(\nu)}; B_R) \leq \mathcal{Q}(w; B_R) + (\Lambda + 2c_7)\varepsilon$$

が成り立つので，

$$\limsup_{\nu \to \infty} \mathcal{Q}(v^{(\nu)}; B_R) \leq \mathcal{Q}(w; B_R) \qquad (6.3.29)$$

を得る．

(6.3.14), (6.3.20), (6.3.29) より，

$$\limsup_{\nu \to \infty} \mathcal{Q}^{(\nu)}(u^{(\nu)}; B_R) \leq \mathcal{Q}(w; B_R) \qquad (6.3.30)$$

を得る．(6.3.11) と (6.3.30) より，

$$\mathcal{Q}(\bar{u}; B_R) \leq \mathcal{Q}(w; B_R) \qquad (6.3.31)$$

が成り立つ．$w \in W^{1,2}(B_R)$ は ∂B_R 上で $\bar{u}$ と一致する任意の関数であったから，$\bar{u}$ は B_R 上で $\mathcal{Q}$ を最小化する．さらに R は $0 < R < 1$ を満たす任意の数であったから，$\bar{u}$ は B 上で $\mathcal{Q}$ を局所的に最小化する．

後は，特異点に関する主張を示せば，この補題の証明が終わる．$x^{(\nu)} \to \bar{x}$ としているので，ν を十分大きくとり，

$$\mathrm{dist}(x^{(\nu)}, \partial B) \geq \frac{\mathrm{dist}(\bar{x}, \partial B)}{2} := d_0 \qquad (6.3.32)$$

と仮定しよう．前節で示した定理 6.2.3 の証明中の命題♭より，$x^{(\nu)}$ が $u^{(\nu)}$ の特異点であるならば，ある $\varepsilon_0 > 0$ と $\rho_0 \in (0, d_0)$ が，命題の仮定で与えられた条件のみに依存して，ν に無関係に選べて，$0 < r < \rho_0$ であるすべての r に対して，

$$r^{2-m} \int_{B(x^{(\nu)}, r)} |Du^{(\nu)}|^2 dx \geq \varepsilon_0$$

が成り立つ. これとカッチョッポリの不等式 (6.3.3) より, ν によらないある定数 $\varepsilon_1 > 0$ に対して,

$$r^{-m} \int_{B(x^{(\nu)},r)} |u^{(\nu)} - u_r^{(\nu)}|^2 dx \geq \varepsilon_1 \qquad (6.3.33)$$

が, すべての $r \in (0, \rho_0)$ に対して成り立つ. ただし,

$$u_r^{(\nu)} = \fint_{B(x^{(\nu)},r)} u^{(\nu)} dx$$

とした. 以下, $x^{(\nu)} \to \bar{x}$ かつ $\bar{x}$ は $\bar{u}$ の特異点でないとして, 矛盾を導こう. 本書で言う特異点は不連続点のことなので, $\bar{x}$ において $\bar{u}$ は連続と仮定しよう.

$$\lim_{\rho \to 0} \rho^{-m} \int_{B(\bar{x},\rho)} |\bar{u} - \bar{u}_\rho|^2 dx = 0$$

となるので, ある $\rho_1 > 0$ が存在して, $0 < \rho < \rho_1$ ならば,

$$\rho^{-m} \int_{B(\bar{x},\rho)} |\bar{u} - \bar{u}_\rho|^2 dx < \frac{\varepsilon_1}{2} \qquad (6.3.34)$$

となる. 今, $0 < r < \min\{\rho_0, \rho_1\}$ である r を一つ固定すると, $x^{(\nu)} \to \bar{x}$ であることと, L^2 で $u^{(\nu)} \to \bar{u}$ であることより,

$$\varepsilon_1 \leq \lim_{\nu \to \infty} r^{-m} \int_{B(x^{(\nu)},r)} |u^{(\nu)} - u_r^{(\nu)}|^2 dx$$

$$= r^{-m} \int_{B(\bar{x},r)} |\bar{u} - \bar{u}_r|^2 dx < \frac{\varepsilon_1}{2} \qquad (6.3.35)$$

となり矛盾である. したがって, $\bar{x}$ は $\bar{u}$ の特異点である. $\qquad \square$

次に**単調性補題**と呼ばれる補題を紹介する. 仮定 (6.2.40) が必要となるのはこの補題だけである. これまで扱ってきた汎関数 $\mathcal{Q}$ と区別するために, (6.2.40) を満たす場合の汎関数を $\mathcal{E}$ と書くことにしよう. すなわち, $u : B \to \mathbb{R}^n$ に対して,

$$\mathcal{E}(u) := \int_B g^{\alpha\beta}(x) h_{ij}(x, u) D_\alpha u^i D_\beta u^j dx \qquad (6.3.36)$$

とおく. ただし, $g(x) = \left(g^{\alpha\beta}(x)\right)$, $h(x, u) = \left(h_{ij}(x, u)\right)$ は次の条件を満たすものとする.

(B-1) $g^{\alpha\beta}(x) = g^{\beta\alpha}(x)$, $h_{ij}(x, u) = h_{ji}(x, u)$ $\forall (x, u) \in B \times \mathbb{R}^n$.

(B-2) ある定数 $\Lambda \geq \lambda_g > 0$, $\Lambda_h \geq \lambda_h > 0$ に対して,

$$|g(x)| \leq \Lambda_g, \quad |h(x,u)| \leq \Lambda_h \quad \forall (x,u) \in B \times \mathbb{R}^n,$$

$$g^{\alpha\beta}(x)z_\alpha z_\beta \geq \lambda_g |z|^2 \quad \forall (x,z) \in B \times \mathbb{R}^m, \tag{6.3.37}$$

$$h_{ij}(x,u)\eta^i \eta^j \geq \lambda_h |\eta|^2 \quad \forall (x,u,\eta) \in B \times \mathbb{R}^n \times \mathbb{R}^n. \tag{6.3.38}$$

(B-2) を仮定すると, $A_{ij}^{\alpha\beta}(x,u) = g^{\alpha\beta}(x)h_{ij}(x,u)$ が (6.2.6) をある $\lambda = \lambda_A > 0$ に対して満たすことは容易に示せる.

補題 6.3.2 ([6, Lemma 2]) $\quad g(x) = \left(g^{\alpha\beta}(x)\right)$, $h = \left(h_{ij}(x,u)\right)$ はそれぞれ B 上, $B \times \mathbb{R}^n$ 上で定義され, 上の条件 (B-1) と (B-2) を満たすとする. また,

$$A_{ij}^{\alpha\beta}(x,u) = g^{\alpha\beta}(x)h_{ij}(x,u) \tag{6.3.39}$$

とおき, $A_{ij}^{\alpha\beta}(x,u)$ は,

$$\int_0^1 \frac{\omega(t^2)}{t}dx < +\infty \tag{6.3.40}$$

となる ω に対して, 条件 (A-3) を満たすとする. これらの条件の下, $u \in W_{\mathrm{loc}}^{1,2}(B,\mathbb{R}^n)$ が汎関数 $\mathcal{E}$ を局所的に最小化するとき, ある定数 $C_0 > 0$ が存在し, $0 < r < R < 1$ に対して,

$$\int_{\partial B} \left|u(Rx) - u(rx)\right|^2 d\mathcal{H}^{m-1}(x)$$
$$\leq C_0 \log \frac{R}{r}\left[\Phi(R) - \Phi(r)\right] \tag{6.3.41}$$

を満たす[57]. ただし, Φ はある定数 C_1 に対し,

$$\Phi(t) := t^{2-m} \exp\left(C_1 \int_0^t \frac{\omega(s^2)}{s}ds\right)$$
$$\times \int_{B_t} A(x,u)DuDudx \tag{6.3.42}$$

と定義される関数である.

証明 まず, 定義域側での適当な座標変換を行うことにより,

$$g^{\alpha\beta}(0) = \delta^{\alpha\beta}$$

[57] ここでいきなり $d\mathcal{H}^{m-1}$ と, ハウスドルフ測度に関する積分が出てきたが, 実際には, 単に曲面 $\partial B = S^{m-1}$ 上での積分である. 通常 dS 等と書かれているものと同じであるが, 多くの文献でハウスドルフ測度を用いた記述となっているので, それに従った.

と仮定する[58]．次に，$0 < t < 1$ に対して，

$$x_t := t \frac{x}{|x|}, \quad u_t(x) := u(x_t)$$

とおく．偏微分に対する連鎖律により，

$$\begin{aligned}
\frac{\partial u_t^i}{\partial x^\alpha}(x) &= \frac{\partial u^i(x_t)}{\partial x^\alpha} \\
&= D_\gamma u^i(x_t) \frac{\partial (tx^\gamma/|x|)}{\partial x^\alpha} = D_\gamma u^i(x_t) \frac{t}{|x|} \left(\delta^{\gamma\alpha} - \frac{x^\gamma x^\alpha}{|x|^2} \right)
\end{aligned}$$

となることに注意して，

$$\begin{aligned}
&\mathcal{E}(u_t; B_t) \\
&= \int_{B_t} A_{ij}^{\alpha\beta}(x, u(x_t)) \frac{t^2}{|x|^2} \left(\delta^{\gamma\alpha} - \frac{x^\gamma x^\alpha}{|x|^2} \right) \left(\delta^{\kappa\beta} - \frac{x^\kappa x^\beta}{|x|^2} \right) \\
&\qquad \times D_\gamma u^i(x_t) D_\kappa u^j(x_t) dx \\
&= \int_{B_t} A_{ij}^{\alpha\beta}(0, u(x_t)) \frac{t^2}{|x|^2} \left(\delta^{\gamma\alpha} - \frac{x^\gamma x^\alpha}{|x|^2} \right) \left(\delta^{\kappa\beta} - \frac{x^\kappa x^\beta}{|x|^2} \right) \\
&\qquad \times D_\gamma u^i(x_t) D_\kappa u^j(x_t) dx \\
&\quad + \int_{B_t} \left\{ A_{ij}^{\alpha\beta}(x, u(x_t)) - A_{ij}^{\alpha\beta}(0, u(x_t)) \right\} \\
&\qquad \times \frac{t^2}{|x|^2} \left(\delta^{\gamma\alpha} - \frac{x^\gamma x^\alpha}{|x|^2} \right) \left(\delta^{\kappa\beta} - \frac{x^\kappa x^\beta}{|x|^2} \right) D_\gamma u^i(x_t) D_\kappa u^j(x_t) dx \\
&=: E_1 + E_2
\end{aligned} \tag{6.3.43}$$

と変形する．

$$A_{ij}^{\alpha\beta}(0, u(x_t)) = g^{\alpha\beta}(0) h_{ij}(0, u(x_t)) = \delta^{\alpha\beta} h_{ij}(0, u(x_t))$$

であることに注意して E_1 を計算すると，

$$\begin{aligned}
E_1 &= \int_{B_t} \frac{t^2}{|x|^2} A_{ij}^{\alpha\beta}(0, u(x_t)) D_\alpha u^i(x_t) D_\beta u^j(x_t) dx \\
&\quad - \int_{B_t} \frac{t^2}{|x|^2} h_{ij}(0, u(x_t)) \frac{x^\gamma D_\gamma u^i(x_t)}{|x|} \frac{x^\kappa D_\kappa u^j(x_t)}{|x|} dx
\end{aligned}$$

となる．ここで，第 2 項について，内積の記号を用いて，

$$\left\langle \frac{x}{|x|}, Du^j \right\rangle = \frac{x^\gamma}{|x|} D_\gamma u^j,$$

[58] このように仮定できるようにするために，(6.3.39) という形に限定した．

と書くこととし，h_{ij} に対する条件 (6.3.38) を用いると，

$$h_{ij}\big(0,u(x_t)\big)\frac{x^\gamma D_\gamma u^i(x_t)}{|x|}\frac{x^\kappa D_\kappa u^j(x_t)}{|x|} \geq \lambda_h \left|\left\langle \frac{x}{|x|}, Du(x_t)\right\rangle\right|^2$$

と評価できるので，

$$E_1 \leq \int_{B_t}\frac{t^2}{|x|^2}A\big(0,u(x_t)\big)Du(x_t)Du(x_t)dx$$
$$-\int_{B_t}\frac{t^2}{|x|^2}\cdot\left|\left\langle \frac{x}{|x|}, Du(x_t)\right\rangle\right|^2 dx \qquad (6.3.44)$$

を得る．

ここで，球上での積分に関する次の公式を用いる[59]．

$$\int_{B_R}f(x)dx = \int_0^R\int_{\partial B_r}f(x)d\mathcal{H}^{m-1}dr. \qquad (6.3.45)$$

また，この両辺を R で微分すると，

$$\frac{d}{dR}\int_{B_R}f(x)dx = \int_{\partial B_R}f(x)d\mathcal{H}^{m-1} \qquad (6.3.46)$$

を得る．(6.3.45) を $f(x)$ の代わりに $f(x_t)/|x|^2$ に対して B_t 上で用いると，

$$\int_{B_t}\frac{1}{|x|^2}f(x_t)dx = \int_0^t\int_{\partial B_r}\frac{1}{r^2}f(x_t)d\mathcal{H}^{m-1}(x)dr$$

となる．ここで，∂B_r 上では $|x| = r$ であることを用いた．また，$d\mathcal{H}^{m-1}(x)$ と書いたのは，独立変数 x に関する積分であることを強調するためであり，変数変換したときに，どの変数で積分しているかを明確にしたいからである．右辺において，$y = r^{-1}x_t = (t/r)x$ と変数変換すると，積分領域は ∂B_t（積分変数 r と無関係！）となり，$d\mathcal{H}^{m-1}(x) = (t/r)^{m-1}d\mathcal{H}^{m-1}(y)$ であることに注意すると，

$$\int_{B_t}\frac{1}{|x|^2}f(x_t)dx = \int_0^t\int_{\partial B_t}r^{m-3}t^{1-m}f(y)d\mathcal{H}^{m-1}(y)dr$$
$$= \frac{1}{t(m-2)}\int_{\partial B_t}f(y)d\mathcal{H}^{m-1}(y) \qquad (6.3.47)$$

を得る．これを，$y/|y| = x/|x| = x_t/|x_t|$ に注意して，(6.3.44) に用いると，

59) この公式は極めてよく使うものであるが，一般的な教科書ではあまり取り上げられない．日本語の本では例えば，[22, 定理 5.6.8] で $R = \infty$ の場合が述べられている．証明は少々面倒なので，ここでは証明なしで用いることとしたい．

$$E_1 \leq \frac{t}{m-2} \int_{\partial B_t} A\big(0, u(y)\big) Du(y) Du(y) d\mathcal{H}^{m-1}(y)$$
$$- \frac{\lambda_h t}{m-2} \int_{\partial B_t} \left| \left\langle \frac{y}{|y|}, Du(y) \right\rangle \right|^2 d\mathcal{H}^{m-1}(y) \quad (6.3.48)$$

となる. 次に, この右辺第 1 項の積分を,

$$\int_{\partial B_t} A_{ij}^{\alpha\beta}\big(y, u(y)\big) D_\alpha u^i(y) D_\beta u^j(y) d\mathcal{H}^{m-1}(y)$$
$$+ \int_{\partial B_t} [A_{ij}^{\alpha\beta}\big(0, u(y)\big) - A_{ij}^{\alpha\beta}\big(y, u(y)\big)]$$
$$\times D_\alpha u^i(y) D_\beta u^j(y) d\mathcal{H}^{m-1}(y)$$
$$=: E_{11} + E_{12} \quad (6.3.49)$$

と分割すると, この第 2 項 E_{12} は,

$$|E_{12}| \leq \left| \int_{\partial B_t} \left| A\big(0, u(y)\big) - A\big(y, u(y)\big) \right| \cdot |Du(y)|^2 d\mathcal{H}^{m-1}(y)$$
$$\leq \int_{\partial B_t} \omega(t^2) |Du(y)|^2 d\mathcal{H}^{m-1}(y)$$
$$\leq \frac{\omega(t^2)}{\lambda_A} \int_{\partial B_t} A\big(y, u(y)\big) Du(y) Du(y) d\mathcal{H}^{m-1}(y) \quad (6.3.50)$$

と評価できるので, E_1 について次の評価を得る.

$$E_1 \leq \frac{t}{m-2} \Big\{ 1 + \frac{\omega(t^2)}{\lambda_A} \Big\}$$
$$\cdot \int_{\partial B_t} A\big(y, u(y)\big) Du(y) Du(y) d\mathcal{H}^{m-1}(y)$$
$$- \frac{\lambda_h t}{m-2} \int_{\partial B_t} \left| \left\langle \frac{y}{|y|}, Du(y) \right\rangle \right|^2 d\mathcal{H}^{m-1}(y). \quad (6.3.51)$$

一方, E_2 に関しては,

$$\left| \delta^{\alpha\beta} - \frac{x^\alpha x^\beta}{|x|^2} \right| \leq 1$$

であることと, (6.3.47) を用いれば,

$$E_2 \leq t^2 \int_{B_t} \frac{\omega(t^2)}{|x|^2} |Du(x_t)|^2 dx$$
$$= t^2 \omega(t^2) \frac{1}{t(m-2)} \int_{\partial B_t} |Du(y)|^2 d\mathcal{H}^{m-1}(y)$$

158 ▶ 6 部分正則性

$$\leq \frac{t\omega(t^2)}{\lambda_A(m-2)} \int_{\partial B_t} A(x, u(y)) Du(y) Du(y) d\mathcal{H}^{m-1}(y)$$

$$(6.3.52)$$

と評価できる. (6.3.43), (6.3.51), (6.3.52) と, u の最小性より, g と h にのみ依存して定まる正定数 λ_1, λ_2 に対して,

$$\int_{B_t} A(x, u(x)) Du(x) Du(x) dx = \mathcal{E}(u; B_t) \leq \mathcal{E}(u_t; B_t)$$

$$\leq \frac{t}{m-2}\Big[(1 + \lambda_1\omega(t^2)) \int_{\partial B_t} A(y, u(y)) Du(y) Du(y) d\mathcal{H}^{m-1}$$

$$- \lambda_2 \int_{\partial B_t} \Big| \Big\langle \frac{y}{|y|}, Du(y) \Big\rangle \Big|^2 d\mathcal{H}^{m-1}(y)\Big]$$

が成り立つ. これを変形して,

$$\int_{\partial B_t} A\big(y, u(y)\big) Du(y) Du(y) d\mathcal{H}^{m-1}$$

$$\geq \frac{m-2}{t(1 + \lambda_1\omega(t^2))} \int_{B_t} A(x, u(x)) Du(x) Du(x) dx$$

$$+ \frac{\lambda_2}{1 + \lambda_1\omega(t^2)} \int_{\partial B_t} \Big| \Big\langle \frac{y}{|y|}, Du(y) \Big\rangle \Big|^2 d\mathcal{H}^{m-1}(y) \quad (6.3.53)$$

としておこう.

さて,

$$\phi(t) := t^{2-m} \int_{B_t} A\big(x, u(x)\big) Du(x) Du(x) dx$$

とおこう. (6.3.46) を用いて ϕ の導関数を求めると,

$$\phi'(t) = (2 - m)t^{1-m} \int_{B_t} A\big(x, u(x)\big) Du(x) Du(x) dx$$

$$+ t^{2-m} \int_{\partial B_t} A\big(y, u(y)\big) Du(y) Du(y) d\mathcal{H}^{m-1}(y)$$

となるが, この第 2 項を (6.3.53) を用いて下から評価すると,

$$\phi'(t) \geq \Big[(2 - m) + \frac{m-2}{1 + \lambda_1\omega(t^2)}\Big]t^{1-m}$$

$$\times \int_{B_t} A\big(x, u(x)\big) Du(x) Du(x) dx$$

$$+ \frac{\lambda_2 t^{2-m}}{1 + \lambda_1\omega(t^2)} \int_{\partial B_t} \Big| \Big\langle \frac{y}{|y|}, Du(y) \Big\rangle \Big|^2 d\mathcal{H}^{m-1}(y)$$

6.3 収束性補題と単調性補題 ◀ *159*

$$= \frac{(2-m)\lambda_1\omega(t^2)}{(1+\lambda_1\omega(t^2))t}\phi(t)$$
$$+ \frac{\lambda_2 t^{2-m}}{1+\lambda_1\omega(t^2)} \int_{\partial B_t} \left| \left\langle \frac{y}{|y|}, Du(y) \right\rangle \right|^2 d\mathcal{H}^{m-1}(y)$$

となる. $0 \le \omega \le K$ であるので, $\lambda_3 = \lambda_2/(1+\lambda_1 K)$ とおいて, 上の不等式より,

$$\phi'(t) + \frac{(m-2)\lambda_1\omega(t^2)}{t}\phi(t)$$
$$\ge \lambda_3 t^{2-m} \int_{\partial B_t} \left| \left\langle \frac{y}{|y|}, Du(y) \right\rangle \right|^2 d\mathcal{H}^{m-1}(y) \qquad (6.3.54)$$

を得る. さて, Φ の定義式 (6.3.42) において $C_1 = (m-2)\lambda_1$ とおけば, (6.3.54) より,

$$\Phi'(t) = \left(C_1 \frac{\omega(t^2)}{t}\phi + \phi'(t) \right) \cdot \exp\left(C_1 \int_0^t \frac{\omega(s^2)}{s}ds \right)$$
$$\ge \lambda_3 t^{2-m} \int_{\partial B_t} \left| \left\langle \frac{y}{|y|}, Du(y) \right\rangle \right|^2 d\mathcal{H}^{m-1}(y)$$
$$\cdot \exp\left(C_1 \int_0^t \frac{\omega(s^2)}{s}ds \right)$$
$$\ge \lambda_3 \int_{\partial B_t} |y|^{2-m} \left| \left\langle \frac{y}{|y|}, Du(y) \right\rangle \right|^2 d\mathcal{H}^{m-1}(y) \qquad (6.3.55)$$

を得る. ここで, 最後の不等号では $\exp\cdots \ge 1$ であることと ∂B_t 上では $t = |y|$ であることを用いた. この不等式の両辺を r から R まで積分すると, 再び (6.3.45) を用いて,

$$\Phi(R) - \Phi(r) \ge \lambda_3 \int_{B_R \setminus B_r} |x|^{2-m} \left| \left\langle \frac{x}{|x|}, Du(x) \right\rangle \right|^2 dx \qquad (6.3.56)$$

となる.

一方, $x \in B$ に対して,

$$|u(Rx) - u(rx)|^2 = \left| \int_r^R \frac{d}{dt}u(tx)dt \right|^2$$
$$= \left| \int_r^R \langle x, Du(tx) \rangle dt \right|^2$$
$$\le \int_r^R t^{-1}dt \cdot \int_r^R t|\langle x, Du(tx) \rangle|^2 dt$$

$$= (\log R - \log r) \int_r^R t \big| \langle x, Du(tx) \rangle \big|^2 dt$$

となる．ここで，不等号の部分では $1 = t^{-1/2} t^{1/2}$ とおいて，ヘルダーの不等式を用いた．両辺を ∂B 上で積分すると，

$$\int_{\partial B} |u(Rx) - u(rx)|^2 d\mathcal{H}^{m-1}(x)$$

$$\leq \log\left(\frac{R}{r}\right) \int_r^R \int_{\partial B} t \big| \langle x, Du(tx) \rangle \big|^2 d\mathcal{H}^{m-1}(x) dt =: (*)$$

ここで，x に関する積分を，$tx = y$ と変数変換すると，$x = y/|y|$，積分領域は ∂B_t となり，$d\mathcal{H}^{m-1}(x) = t^{1-m} d\mathcal{H}^{m-1}(y)$ となるので，

$$(*) = \log\left(\frac{R}{r}\right) \int_r^R \int_{\partial B_t} |y|^{2-m} \left| \left\langle \frac{y}{|y|}, Du(y) \right\rangle \right|^2 d\mathcal{H}^{m-1}(y) dt$$

$$= \log\left(\frac{R}{r}\right) \int_{B_R \setminus B_r} |x|^{2-m} \left| \left\langle \frac{x}{|x|}, Du(x) \right\rangle \right|^2 dx \qquad (6.3.57)$$

となる．ここでも，(6.3.45) を用いた．

(6.3.56) と (6.3.57) より，(6.3.41) を得る． $\square$

6.4 特異点集合の次元評価の改良，次元降下法

以上の二つの補題を用いて，最小点となる写像の特異点集合の次元に対する評価を改良できる．まず，対象とする関数の定義域の次元が 3 の場合，すなわち $m = 3$ の場合に対して，ジャクインタ–ジュスティによる次の定理を示す．

なお，この節で用いるような，対象となる関数 $U(x)$ に対し $U(Rx)$ を考え，$R \to 0$ としたときの極限として得られる関数の挙動から原点 0 付近での U の挙動を調べる方法を**ブロー・アップ法**と呼んでいる[60]．

定理 6.4.1（[6, Theorem 1]）　$A_{ij}^{\alpha\beta}(x,u) = g^{\alpha\beta}(x) h_{ij}(x,u)$ は補題 6.3.2 と同様の仮定を満たすとし，$B = B(0,1) \Subset \Omega$ としておく．さらに，$m = 3$ とする．$u \in W^{1,2}(B; \mathbb{R}^n)$ を (6.3.36) により定義される汎関数 $\mathcal{E}$ の局所的最小点であり，有界であるとする．このと

[60] "blow up" と呼ばれる方法は他の分野でもあるが，日本語の文章でも「ブローアップ」とカタカナ英語をそのまま使っていることが多い．一方，"blow up" と呼ばれる現象は，例えば「解の爆発」というように，普通に「爆発」と訳されている．方法としての "blow up" を「爆発させる」と訳すと，「そういう場合は爆発させちゃえばいいんじゃない？」「そうだな，やってみるか…」などという会話になり，通報される恐れがあるからだろうか…．

き，u の特異点は孤立している．

注意 6.4.2 ハウスドルフ測度の定義より，孤立点のみからなる集合の $\mathcal{H}^k$-測度は任意の $k > 0$ に対して 0 である．したがって，この定理より，$m = 3$ の場合の特異点集合のハウスドルフ次元は 0 である．

証明 証明は背理法で行う．x_0 を u の特異点とし，x_0 が孤立特異点でない，すなわち u の特異点の列 $\{x_\nu\}$ で $x_\nu \to x_0$ となるものがあるとする．適当に座標変換し，$x_0 = 0$ としよう．さらに必要なら十分大きな番号 ν のみを考えることとして，$R_\nu := 2|x_\nu| < 1$ と仮定しておく．さらに，

$$u^{(\nu)}(x) := u(R_\nu x), \quad A^{(\nu)}(x, v) = \left(A_{ij}^{\alpha\beta(\nu)}(x, v) \right) := \left(A_{ij}^{\alpha\beta}(R_\nu, v) \right)$$

とおくと，u の最小性より，$u^{(\nu)}$ は汎関数，

$$\mathcal{E}^{(\nu)}(v; B) := \int_B A^{(\nu)}(x, v) Dv Dv dx$$

を局所的に最小化する．さらに，$y_\nu = x_\nu / R_\nu$ は $u^{(\nu)}$ の特異点であり，$|y_\nu| = 1/2$ である．つまり，y_ν はすべて $\partial B_{1/2} = \partial B(0, 1/2)$ 上にある．したがって，ボルツァーノ–ワイエルシュトラスの定理より，部分列をとることにより，ある $\bar{y} \in \partial B_{1/2}$ に収束しているとしてよい．

さて，u が有界と仮定しているので，$u^{(\nu)}$ は一様に有界である．すなわち $L^\infty(B; \mathbb{R}^n)$ の有界列であり，$L^2(B; \mathbb{R}^n)$ の有界列となる．したがって，必要なら部分列をとることにより，ある関数 $\bar{u}$ に対して，

$$u^{(\nu)} \rightharpoonup \bar{u} \qquad \text{in } L^2(B; \mathbb{R}^n)$$

となっているとしてよい．

$A^{(\nu)}$ が補題 6.3.1 の条件を満たすことは容易に確かめられるので，$\bar{u}$ は，

$$\int_B A(0, v) Dv Dv dx \tag{6.4.1}$$

を局所的に最小化し，$\bar{y}$ は $\bar{u}$ の特異点でなければならない．

さて，任意に $0 < \rho < \mu < 1$ を選び，補題 6.3.2 の (6.3.41) を u に対して $R = \mu R_\nu$，$r = \rho R_\nu$ として用いると，

$$\int_{\partial B} \left| u^{(\nu)}(\mu x) - u^{(\nu)}(\rho x) \right|^2 d\mathcal{H}^{m-1}(x)$$

$$= \int_{\partial B} \left| u^{(\nu)}(\mu R_\nu x) - u^{(\nu)}(\rho R_\nu x) \right|^2 d\mathcal{H}^{m-1}(x)$$

$$\leq c \log \frac{\mu}{\rho} \left[\Phi(\mu R_\nu) - \Phi(\rho R_\nu) \right] \qquad (6.4.2)$$

を得る.

(6.3.41) より Φ は増加関数でり,また定義から明らかに $\Phi \geq 0$ であるので,$\lim_{t \to 0} \Phi(t)$ は存在する.したがって,(6.4.2) において $\nu \to \infty$ とすれば,右辺 $\to 0$ であり,

$$\int_{\partial B} |\bar{u}(\mu x) - \bar{u}(\rho x)|^2 d\mathcal{H}^{m-1}(x) = 0$$

を得る.これは,単位球面 ∂B 上のほとんどすべての x に対して,$\bar{u}(\mu x) = \bar{u}(\rho x)$ が成り立っていることを示していて,$0 < \rho < \mu < 1$ が任意であったことより,$\bar{u}(tx)$ $(x \in \partial B, \, 0 < t < 1)$ が t によらないことを表す.一方,先に見たように $\bar{y} \in \partial B_{1/2}$ は $\bar{u}$ の特異点である.したがって,$t\bar{y}$ $(0 < t < 1)$ はすべて $\bar{u}$ の特異点となる.すなわち,$\bar{u}$ の特異点集合は 1 次元の集合である[61].一方,前節の定理 6.2.3 より,$\bar{u}$ の特異点集合の次元は $3 - 2 = 1$ より真に小さくなければならず,矛盾が生じる.したがって,u の特異点はすべて孤立している. $\qquad \square$

[61] このような普通の意味で p 次元 $(p \in \mathbb{N})$ の集合は,ハウスドルフ次元も p である.

次に,一般の次元 m の場合に対する定理を述べる.ここでは,**次元降下法**と呼ばれる方法を用いるが,その際に必要となるハウスドルフ測度に関する補題を三つ準備する([11, Chapter 11] 参照).

補題 6.4.3 集合 $A \subset \mathbb{R}^m$ に対して,$\mathcal{H}^k_\infty(A) = 0$ と $\mathcal{H}^k(A) = 0$ とは同値である.

証明 まず,任意の集合 $B \in \mathbb{R}^m$ に対して,$0 < \rho < \delta$ であれば $\mathcal{H}^k_\delta(B) \leq \mathcal{H}^k_\rho(B)$ となることは $\mathcal{H}^k_\delta$ の定義より自明であり,これより一般に,

$$\mathcal{H}^k(A) \geq \mathcal{H}^k_\infty(A) \qquad (6.4.3)$$

が成り立つので,$\mathcal{H}^k(A) = 0$ ならば $\mathcal{H}^k_\infty(A) = 0$ となる.

$\mathcal{H}^k_\infty(A) = 0$ としよう.$\mathcal{H}^k_\infty$ の定義より,任意の $\varepsilon > 0$ に対して,

A の可算被覆 $\{C_j\}$ で,

$$\sum_{j=1}^{\infty}(\operatorname{diam} C_j)^k \leq \varepsilon^k \qquad (6.4.4)$$

となるものが存在する.(6.4.4) より,各 j に対して $\operatorname{diam} C_j < \varepsilon$ が成り立つ.したがって,$\mathcal{H}_\varepsilon^k(A)$ の定義と (6.4.4) より,

$$\mathcal{H}_\varepsilon^k(A) \leq \omega_k 2^{-k}\sum_{j=1}^{\infty}(\operatorname{diam} C_j)^k \leq \omega_k 2^{-k}\varepsilon^k$$

を得る.この不等式において,$\varepsilon \to 0$ とすれば左辺は $\mathcal{H}^k(A)$ に収束し,右辺は 0 に収束するので,$\mathcal{H}^k(A) = 0$ を得る. $\square$

補題 6.4.4 任意の集合 $A \subset \mathbb{R}^m$ に対して,

$$\limsup_{r \to 0}\frac{\mathcal{H}_\infty^k\big(A \cap B(x,r)\big)}{\omega_k r^k} \geq 2^{-k} \quad (\mathcal{H}^k - \text{a.e.} \ \ x \in A) \quad (6.4.5)$$

が成り立つ.(ここで,$\mathcal{H}^k - \text{a.e.} \ x \in A$ とは「A から,ある $\mathcal{H}^k$-測度 0 の集合を除いたすべての x に対して」という意味である.つまり,(6.4.5) が成り立たない $x \in A$ の全体を S とおくと,$\mathcal{H}^k(S) = 0$ である.)

証明 まず,記述を多少なりとも簡単にするため,集合 $C \in \mathbb{R}^m$ に対して,

$$\zeta(C) := \omega_k 2^{-k}(\operatorname{diam} C)^k$$

とおく.この記号を用いると,

$$\mathcal{H}_\delta^k(A) = \inf\Big\{\sum_{j=1}^{\infty}\zeta(C_j) \, ; \, A \subset \bigcup_{j=1}^{\infty}C_j, \ \operatorname{diam} C_j < \delta\Big\}$$

と書ける.さらに,$t, \varepsilon > 0$ に対して,

$B(\mathcal{H}_\delta^k, t, \varepsilon)$

$\quad := \{x \in A \, ; \, \lceil x \in C$ かつ $\operatorname{diam} C < \varepsilon \rfloor$ を満たすすべての

$\qquad C$ に対して $\mathcal{H}_\delta^k(C \cap A) \leq t\zeta(C)$ が成り立つ $\}$

と定義する.この定義より,$C \subset A$ かつ $\operatorname{diam} C < \varepsilon$ であれば,

$$\mathcal{H}_\delta^k\big(C \cap B(\mathcal{H}_\delta^k, t, \varepsilon)\big) \le t\zeta(C) \qquad (6.4.6)$$

となる. 今,

$$\bigcup_{j=1}^\infty C_j \supset B(\mathcal{H}_\delta^k, t, \varepsilon), \quad \operatorname{diam} C_j < \varepsilon \quad (\forall j) \qquad (6.4.7)$$

となる $\{C_j\}$ を選んで, (6.4.6) を各 C_j に用いると,

$$\mathcal{H}_\delta^k\big(B(\mathcal{H}_\delta^k, t, \varepsilon)\big) \le \mathcal{H}_\delta^k\big(\bigcup_{j=1}^\infty C_j\big) \le \sum_{k=1}^\infty \mathcal{H}_\delta^k(C_j)$$

$$\le t\sum_{j=1}^\infty \zeta(C_j) \qquad (6.4.8)$$

が成り立つ. ここで, (6.4.7) を満たす $\{C_j\}$ に関して下限をとると, ζ と $\mathcal{H}_\varepsilon^k$ の定義より,

$$\mathcal{H}_\delta^k\big(B(\mathcal{H}_\delta^k, t, \varepsilon)\big) \le t\mathcal{H}_\varepsilon^k\big(B(\mathcal{H}_\delta^k, t, \varepsilon)\big)$$

を得る. $\delta \in (0,1)$ に対して, $t = 1-\delta$, $\varepsilon = \delta$ ととって, この不等式を用いると,

$$\mathcal{H}_\delta^k\big(B(\mathcal{H}_\delta^k, 1-\delta, \delta)\big) \le (1-\delta)\mathcal{H}_\delta^k\big(B(\mathcal{H}_\delta^k, (1-\delta), \delta)\big)$$

となるので,

$$\mathcal{H}_\delta^k\big(B(\mathcal{H}_\delta^k, 1-\delta, \delta)\big) = 0$$

でなければならない. したがって,

$$\mathcal{H}_\infty^k\big(B(\mathcal{H}_\delta^k, 1-\delta, \delta)\big) = 0$$

であり, 補題 6.4.3 より,

$$\mathcal{H}^k\big(B(\mathcal{H}_\delta^k, 1-\delta, \delta)\big) = 0 \qquad (6.4.9)$$

を得る.

次に, $x \in A$ と $\varepsilon > 0$ に対して,

$$\xi(\varepsilon, x) := \sup\Big\{ \frac{\mathcal{H}_\infty^k(A \cap C)}{\zeta(C)} \ ; \ C \ni x, \operatorname{diam} C < \varepsilon \Big\} \qquad (6.4.10)$$

と定義し, さらに,

$$D_0 := \left\{ x \in A \; ; \; \inf_{\varepsilon > 0} \xi(\varepsilon, x) < 1 \right\} = \left\{ x \in A \; ; \; \inf_{n \in \mathbb{N}} \xi(1/n, x) < 1 \right\}$$

とおく．$x \in D_0$ を任意にとろう．ある $n_0 \in \mathbb{N}$ に対して，

$$\xi(1/n_0, x) < 1 \qquad (6.4.11)$$

となる．この n_0 に対して $n_1 \in N$ を，

$$\xi(1/n_0, x) \leq 1 - \frac{1}{n_1} \qquad (6.4.12)$$

となるようにとっておく．$n_1 \geq n_0$ であれば，

$$\xi(1/n_1, x) \leq \xi(1/n_0, x) \leq 1 - \frac{1}{n_1}$$

となり，$n_1 < n_0$ のときも (6.4.12) より，

$$\xi(1/n_0, x) \leq 1 - \frac{1}{n_1} < 1 - \frac{1}{n_0}$$

となるので，いずれにせよ，

$$\xi(1/n, x) < 1 - \frac{1}{n}$$

となるような $n \in \mathbb{N}$ が存在する．この n に対して，

$$x \in B\left(\mathcal{H}_{1/n}^k, 1 - \frac{1}{n}, \frac{1}{n}\right)$$

となっている．x は集合 D_0 から任意にとったので，

$$D_0 \subset \bigcup_{n=1}^{\infty} B\left(\mathcal{H}_{1/n}^k, 1 - \frac{1}{n}, \frac{1}{n}\right)$$

となり，(6.4.9) より，

$$0 \leq \mathcal{H}^k(D_0) \leq \sum_{n=1}^{\infty} \mathcal{H}^k\left(B(\mathcal{H}_{1/n}^k, 1 - \frac{1}{n}, \frac{1}{n})\right) = 0 \qquad (6.4.13)$$

を得る．

さて，集合 $C \subset \mathbb{R}^m$ を一つ固定し，$d := \operatorname{diam} C$ とおくと，任意の $x \in C$ に対して，$C \subset B(x, d)$ であり $\zeta(C) = \omega_k 2^{-k} d^k$ であるので，

$$\frac{\mathcal{H}_\infty^k(A \cap C)}{\zeta(C)} \leq \frac{\mathcal{H}_\infty^k(A \cap B(x, d))}{\omega_k 2^{-k} d^k}$$

となることが分かる．これより，任意の $x \in A$ に対して，

$$\xi(\delta, x) \leq 2^k \sup \left\{ \frac{H_\infty^k(A \cap B(x, \rho))}{\omega_k \rho^k} \; ; \; \rho \leq \delta \right\} \qquad (6.4.14)$$

が成り立つ．ここで，

$$D_1 := \{ x \in A \; ; \; \limsup_{r \to 0} \frac{H_\infty^k(A \cap B(x, r))}{\omega_k r^k} < 2^{-k} \}$$

$$= \{ x \in A \; ; \; \inf_{\varepsilon > 0} \sup_{r < \varepsilon} \frac{H_\infty^k(A \cap B(x, r))}{\omega_k r^k} < 2^{-k} \}$$

とおくと，(6.4.14) より，

$$D_1 \subset \{ x \in A \; ; \; \inf_{\varepsilon > 0} \xi(\varepsilon, x) < 1 \} = D_0$$

であることが分かる．したがって，(6.4.13) より，$\mathcal{H}^k(D_1) = 0$ が従う．□

補題 6.4.5 $Q, Q_\nu \subset \mathbb{R}^m (\nu \in \mathbb{N})$ が次の仮定 $(*)$ を満たしているとする．

$(*)$ $Q \subset U$ を満たす任意の開集合 $U \subset \mathbb{R}^m$ に対して，「$\nu \geq n_0$ ならば $Q_\nu \subset U$」となる番号 $n_0 \in \mathbb{N}$ が存在する．

このとき，

$$\mathcal{H}_\infty^k(Q) \geq \limsup_{\nu \to \infty} \mathcal{H}_\infty^k(Q_\nu) \qquad (6.4.15)$$

が成り立つ．

証明 $\mathcal{H}_\infty^k(Q) = \infty$ のときは (6.4.15) が成り立つと考えてよいので，$\mathcal{H}_\infty^k(Q) < \infty$ のときのみ考える．$\mathcal{H}_\infty^k(Q) = \alpha$ とおこう．

$\mathcal{H}_\infty^k$ の定義より，任意の $\varepsilon > 0$ に対して，Q の開被覆 $\{C_j\}$ で，

$$\alpha + \varepsilon \geq \omega_k 2^{-k} \sum_{j=1}^\infty (\operatorname{diam} C_j)^k$$

を満たすものが存在する．$U = \bigcup_{j=1}^\infty C_j$，とおけば，$U$ は開集合で $Q \subset U$ であるので，仮定 $(*)$ より，ある番号 n_0 に対して，$\nu \geq n_0$ ならば，$Q_\nu \subset U$ となる．すなわち $\{C_j\}$ は Q_ν の被覆にもなっている．したがって，$\nu \geq n_0$ なら，

6.4 特異点集合の次元評価の改良，次元降下法 ◀ 167

$$\mathcal{H}_\infty^k(Q_\nu) \leq \omega_k 2^{-k} \sum_{j=1}^\infty (\operatorname{diam} C_j)^k \leq \alpha + \varepsilon \qquad (6.4.16)$$

となる. したがって,

$$\limsup_{\nu \to \infty} \mathcal{H}_\infty^k(Q_\nu) \leq \alpha + \varepsilon$$

となる. これが任意の $\varepsilon > 0$ に対して成り立つので, (6.4.15) が成り立つ. $\qquad \square$

これらの準備の下, 本書の目標であったジャクインタ–ジュスティによる次の定理が示せる.

定理 6.4.6 ([6, Theorem 2]) $A_{ij}^{\alpha\beta}(x, u) = g^{\alpha\beta}(x) h_{ij}(x, u)$ は補題 6.3.2 と同様の仮定を満たすとする. さらに, $m \geq 3$ とする. u を (6.3.36) により定義される汎関数 $\mathcal{E}$ の局所的最小点であり, 有界であるとする. このとき, u の特異点集合 S_u の次元は $m - 3$ 以下である.

証明 ある $k > 0$ に対して, $\mathcal{H}^k(S_u) > 0$ であるとする. 補題 6.4.3 より $\mathcal{H}_\infty^k(S_u) > 0$ である. したがって, 補題 6.4.4 より, ある $x_0 \in S_u$ に対して (6.4.5) が成り立つ. これまでのように, 必要なら座標変換を施して, $x_0 = 0$ とする. (6.4.5) より, 0 に収束する正数列 $\{R_\nu\}$ で, すべての $\nu \in \mathbb{N}$ に対して,

$$\mathcal{H}_\infty^k(S_u \cap \bar{B}_{R_\nu}) \geq \mathcal{H}_\infty^k(S_u \cap B_{R_\nu}) \geq \frac{1}{2} \cdot 2^{-k} \omega_k R_\nu^k, \qquad (6.4.17)$$

を満たすものがある. この $\{R_\nu\}$ に対して, $u^{(\nu)}(x) = u(2R_\nu x)$ とおく.

定理 6.4.1 と同様の議論で, $u^{(\nu)}$ はある $\bar{u}$ に収束し, $\bar{u}$ は汎関数,

$$\mathcal{E}_0(v; B) = \int_B A(0, v) Dv Dv dx \qquad (6.4.18)$$

を局所的に最小化し, 同次性,

$$\bar{u}(x) = \bar{u}(tx) \ (x \in B, t \in (0, 1)$$

を満たす. この同次性により, $\bar{u}$ は自然に $\mathbb{R}^m$ 全体に拡張され, また, (6.4.18) に現れる係数行列 $A(0, v)$ が x によらないことから, (拡張

された）$\bar{u}$ は任意の開集合 $E \Subset \mathbb{R}^m$ に対して，

$$\mathcal{E}_0(v; E) := \int_E A(0, v) Dv Dv dx \qquad (6.4.19)$$

を局所的に最小化する．以後，この性質を指して，「$\bar{u}$ は $\mathcal{E}_0$ を $\mathbb{R}^m$ で局所的に最小化する」と言うことにしよう．

さて，$\bar{u}$ の特異点集合を S_0，$u^{(\nu)}(x)$ の特異点集合を $S^{(\nu)}$ とおこう．

$$S^{(\nu)} = \{x \in B \; ; \; 2R_\nu x \in S_u \subset B\} \qquad (6.4.20)$$

であるので，(6.4.17) より，

$$\begin{aligned}
\mathcal{H}^k_\infty(S^{(\nu)} \cap \bar{B}_{1/2}) &= (2R_\nu)^{-k} \mathcal{H}^k_\infty(S_u \cap \bar{B}_{R_\nu}) \\
&\geq 2^{-1-2k} \omega_k \quad \forall \nu \in \mathbb{N} \qquad (6.4.21)
\end{aligned}$$

が成り立つ．

次に，$Q = S_0 \cap \bar{B}_{1/2}$，$Q_\nu = S^{(\nu)} \cap \bar{B}_{1/2}$ として，補題 6.4.5 の仮定を満たすことを見よう．まず，前節の結果より，特異点集合は開集合の補集合すなわち閉集合であるので，$Q = S_0 \cap \bar{B}_{1/2}$，$Q_\nu = S^{(\nu)} \cap \bar{B}_{1/2}$ はともにコンパクトであることに注意しておく．さて，(6.4.5) の仮定を満たさないとしよう．すなわち，ある開集合 $U \supset S_0 \cap \bar{B}_{1/2}$ が存在して，どんな $n_0 \in \mathbb{N}$ に対しても，ある $\nu \geq n_0$ に対して $x_\nu \in S^{(\nu)}$ であり，$x_\nu \notin U$ となるものが選べるとする．$x_\nu \in \bar{B}_{1/2}$ なので，ボルツァーノ–ワイエルシュトラスの定理より，$\{x_\nu\}$ の部分列がある $x_\infty \in B_{1/2}$ に収束する．補題 6.3.1 より，x_∞ は $\bar{u}$ の特異点であるので $x_\infty \in S_0$ である．一方，$x_\nu \notin U \supset S_0 \cap \bar{B}_{1/2}$ であることから，$x_\infty \notin S_0 \cap \bar{B}_{1/2}$ であり，矛盾が生じる．したがって，$Q = S_0 \cap \bar{B}_{1/2}$，$Q_\nu = S^{(\nu)} \cap \bar{B}_{1/2}$ として，(6.4.5) の仮定を満たし，不等式 (6.4.21) が S_0 に対しても成り立つ．すなわち，

$$\mathcal{H}^k_\infty(S_0 \cap \bar{B}_{1/2}) \geq 2^{-1-2k} \omega_k > 0 \qquad (6.4.22)$$

となる．したがって，補題 6.4.4 を $A = S_0 \cap \bar{B}_{1/2}$ として用いることができ，(6.4.5) が成り立つ点が $S_0 \cap B_{1/2}$ 内に二つ以上は存在する．二つあるので，少なくとも一方は 0 ではない．この 0 でないほうの点を x_0 としよう．x_0 は $x_0 \in S_0$，すなわち $\bar{u}$ の特異点であり，

$$\limsup_{r \to 0} \frac{\mathcal{H}^k_\infty(S_0 \cap B(x_0, r))}{\omega_k r^k} \geq 2^{-k} \tag{6.4.23}$$

を満たす. 座標軸を回転させることにより, $x_0 = (0, ..., 0, a)$ とおこう.

次に, 0 に収束する正数列 $\{r_\nu\}$ をとり, $\bar{u}$ と x_0 に対して,

$$v^{(\nu)}(x) = \bar{u}\big(x_0 + r_\nu(x - x_0)\big)$$

とおく. $\bar{u}$ は $\mathcal{E}_0$ を $\mathbb{R}^m$ 上で局所的に最小化し, $\mathcal{E}_0$ に現れる係数が x によらないことを思い出して, これまでの議論を繰り返すと, $v^{(\nu)}$ はある $\bar{v} : \mathbb{R}^m \to \mathbb{R}^n$ に任意の B_R 上で L^2-弱収束し, $\bar{v}$ は $\mathcal{E}_0$ を $\mathbb{R}^m$ 上で局所的に最小化し, その特異点集合を S_v とすると, $\mathcal{H}^k_\infty(S_v \cap B) > 0$ である.

さらに, $v^{(\nu)}$ の定め方より, $\bar{v}$ は変数の第 m 成分 x^m に依存しないことが次のようにして分かる. まず, $\bar{u}$ が 0 次の同次, すなわち $\bar{u}(tx) = \bar{u}(x) \ (\forall r > 0)$ であることより,

$$\langle x, D\bar{u}(x) \rangle = 0$$

を満たすので, $x_0 = (0, ..., 0, a)$ としたことより,

$$aD_m\bar{u}(x) = \langle x_0, D\bar{u}(x) \rangle = \langle -(x - x_0), D\bar{u}(x) \rangle$$

が成り立つ. これより,

$$|D_m\bar{u}(x)| \leq \frac{|x - x_0|}{|x_0|}|D\bar{u}(x)|$$

となる. したがって, $v^{(\nu)}$ の定義より, 任意の $\rho > 0$ に対して,

$$\int_{B(x_0, \rho)} |D_m v^{(\nu)}(x)|^2 dx = r_\nu^{2-m} \int_{B(x_0, r_\nu\rho)} |D_m\bar{u}(x)|^2 dx$$

$$\leq \frac{r_\nu^{2-m}(r_\nu\rho)^2}{|x_0|^2} \int_{B(x_0, r_\nu\rho)} |D\bar{u}(x)|^2 dx$$

$$= \frac{\rho^m r_\nu^2}{|x_0|^2} \int_{B(x_0, 1)} |D\bar{u}(y)|^2 dy \tag{6.4.24}$$

という評価を得る. ここで, 最後の等式では,

$$y = \frac{1}{r_\nu\rho}(x - x_0) + x_0$$

170 ▶ **6** 部分正則性

という変数変換を行った．また，$D\bar{u} \in L^2(B(0,1), \mathbb{R}^{mn})$ であること
と，$\bar{u}$ の同次性より，任意の $R > 0$ に対して $D\bar{u} \in L^2(B(0,R), \mathbb{R}^{mn})$
となる．したがって，(6.4.24) の最後の積分値は有限な値であり，し
かも明らかに ν によらない．$\nu \to \infty$ とすれば，$r_\nu \to 0$ より，右辺
$\to 0$ となるので，

$$\int_{B(x_0,\rho)} |D_m v^{(\nu)}(x)|^2 dx \to 0$$

となる．これより，$D_m\bar{v} = 0$ がほとんどすべての $x \in \mathbb{R}^m$ で成立
し，$\bar{v}(x)$ が x の第 m 成分 x^m によらないことが分かる．

したがって，$\bar{v}$ の特異点集合 S_v に対して，

$$S_1 := S_{\bar{v}} \cap \{x \in \mathbb{R}^m \; ; \; x^m = 0\}$$

とおくと，$S_{\bar{v}} = S_1 \times \mathbb{R}$ となっていて，また，$\mathcal{H}^k_\infty(S_{\bar{v}}) > 0$ より，
$\mathcal{H}^{k-1}_\infty(S_1) > 0$ である．

さて，$\bar{v}$ の $\mathbb{R}^{m-1}$ への制限を $\bar{w}$，すなわち，

$$\bar{w}(x') = \bar{w}(x^1, ..., x^{m-1}) := \bar{v}(x^1, ..., x^{m-1}, 0)$$

とおく．ただし，$x' = (x^1, ..., x^{m-1})$ とおいた．$\bar{v}$ が $\mathcal{E}_0$ を局所的に
最小化していることと，$D_m\bar{v} = 0$ であること，さらに係数 $A(0, v)$
が x によらないことより，$\bar{w}$ が，任意の開集合 $E' \Subset \mathbb{R}^{m-1}$ に対
して，

$$\mathcal{E}_0^{(m-1)}(w; E') := \int_{E'} \sum_{i,j=1}^n \sum_{\alpha,\beta=1}^{m-1} A_{ij}^{\alpha\beta}(0, w) D_\alpha w^i D_\beta w^j dx'$$

と定義される $\mathcal{E}_0^{(m-1)}$ を $\mathbb{R}^{m-1}$ で局所的に最小化していることが
導ける．実際，$B' := \{x' \in \mathbb{R}^{m-1} \; ; \; |x'| \leq 1\}$ とおき，$\bar{w}$ が
$\mathcal{E}_0^{(m-1)}(w; B')$ を局所的に最小化していないとして，矛盾を導いて
みよう．

補題 6.3.2 の証明と同様に，一般性を失うことなく，$g^{\alpha\beta}(0) = \delta^{\alpha\beta}$
と仮定することにより，$A_{ij}^{\alpha\beta}(0, w) = \delta^{\alpha\beta} h_{ij}(0, w)$ であるとする．あ
る $\tilde{\varphi} \in W_0^{1,2}(B'; \mathbb{R}^n)$ に対して，$\mathcal{E}_0^{(m-1)}(\bar{w}+\tilde{\varphi}; B') < \mathcal{E}_0^{(m-1)}(\bar{w}; B')$
となっているとし，

$$\varepsilon_0 := \mathcal{E}_0^{(m-1)}(\bar{w}; B') - \mathcal{E}_0^{(m-1)}(\bar{w} + \tilde{\varphi}; B') \tag{6.4.25}$$

とおく．さらに，$k_0 > 3$ に対して，$\eta \in C_0^1((-k_0, k_0))$ を $0 \le \eta(t) \le 1$，$(-k_0 + 2, k_0 - 2)$ 上で $\eta \equiv 1$，$(-k_0 + 1, k_0 - 1)$ の外部で $\eta \equiv 0$，$|\eta'(t)| = |(d\eta/dt)(t)| \le 2$ となるように選び，$\varphi(x) = \tilde{\varphi}(x')\eta(x^m)$ とおく．$\varphi \in W_0^{1,2}(B' \times (-k_0, k_0); \mathbb{R}^m)$ であり，十分大きな k_0 に対して，$\mathcal{E}_0(\bar{v} + \varphi; B' \times (-k_0, k_0)) < \mathcal{E}_0(\bar{v}; B' \times (-k_0, k_0))$ となることを示す．

$$A_{ij}^{\alpha\beta}(0, \bar{v} + \varphi)D_\alpha(\bar{v} + \varphi)^i(x)D_\beta(\bar{v} + \varphi)^j(x)$$
$$= \sum_{\alpha=1}^{m-1} h_{ij}(0, \bar{v} + \varphi)D_\alpha \bar{w}^i(x')D_\alpha \bar{w}^j(x')$$
$$+ 2\sum_{\alpha=1}^{m-1} h_{ij}(0, \bar{v} + \varphi)D_\alpha \bar{w}^i(x')D_\alpha \tilde{\varphi}^j(x')\eta(x^m)$$
$$+ \sum_{\alpha=1}^{m-1} h_{ij}(0, \bar{v} + \varphi)D_\alpha \tilde{\varphi}^i D_\alpha \tilde{\varphi}^j \eta^2$$
$$+ h_{ij}(0, \bar{v} + \varphi)\tilde{\varphi}^i(x')\tilde{\varphi}^j(x')(\eta'(x^m))^2$$

となることと，$x^m \in (-k_0 + 2, k_0 - 2)$ に対して，$\varphi(x) = \tilde{\varphi}(x')$ となり，したがって，$\bar{v}(x) + \varphi(x) = \bar{w}(x') + \tilde{\varphi}(x')$ となることなどに注意すると，

$$\mathcal{E}_0(\bar{v} + \varphi; B' \times (-k_0, k_0))$$
$$= \int_{-k_0}^{k_0} dx^m \int_{B'} A(0, \bar{v} + \varphi)D(\bar{v} + \varphi)D(\bar{v} + \varphi)dx'$$
$$\le \int_{-k_0+2}^{k_0-2} \mathcal{E}_0^{(m-1)}(\bar{w} + \tilde{\varphi}; B')dx^m$$
$$+ \int_{-k_0}^{-k_0+2} dx^m \int_{B'} \Lambda_A |D(\bar{w} + \tilde{\varphi})|^2 dx'$$
$$+ \int_{k_0-2}^{k_0} dx^m \int_{B'} \Lambda_A |D(\bar{w} + \tilde{\varphi})|^2 dx'$$
$$+ 4\Lambda_A \left[\int_{-k_0+1}^{-k_0+2} dx^m \int_{B'} |\tilde{\varphi}|^2 dx' + \int_{k_0-2}^{k_0-1} dx^m \int_{B'} |\tilde{\varphi}|^2 dx' \right]$$
$$\le \mathcal{E}_0(\bar{v}; B' \times (-k_0, k_0)) - (2k_0 - 4)\varepsilon_0$$
$$+ 4\Lambda_0 \left(\|D\bar{w}\|_{L^2(B')}^2 + \|D\tilde{\varphi}\|_{L^2(B')}^2 \right) + 8\Lambda_A \|\tilde{\varphi}\|_{L^2(B')}^2$$
$$\tag{6.4.26}$$

という評価を得る．$\bar{w}, \tilde{\varphi}$ ともに k_0 とは無関係に定まっているので，(6.4.26) において，k_0 を十分に大きくとれば，

$$\mathcal{E}_0(\bar{v} + \varphi; B' \times (-k_0, k_0)) < \mathcal{E}_0(\bar{v}; B' \times (-k_0, k_0))$$

となり，$\bar{v}$ の局所的最小性に矛盾する．

　以上より，$\bar{w}$ は $(m-1)$-変数の関数で，汎関数 $\mathcal{E}_0^{(m-1)}$ を $\mathbb{R}^{m-1}$ において局所的に最小化していることが示せた．また，その特異点集合 S_1 は $\mathcal{H}_\infty^{k-1}(S_1) > 0$，したがって $\mathcal{H}^{k-1}(S_1) > 0$ を満たしている．

　$s < k$ となる自然数 s に対して，以上の手順を s 回繰り返すと，$m - s$ 変数の関数で，上で述べた手順を繰り返して作った汎関数 $\mathcal{E}_0^{(m-s)}$ を局所的に最小化し，$\mathcal{H}^{k-s}(S) > 0$ となる特異点集合 S を持つものが存在する．今，$k > m - 3$ とすると，$s = m - 3$ と選ぶことができ，$(m-3)$ 回この手順を繰り返して，$3(= m - s)$ 変数の局所的最小点で，$\mathcal{H}^{k-(m-3)}(S) > 0$ $(k - (m-3) > 0$ に注意$)$ を満たす特異点集合を持つものが得られる．これは定理 6.4.1 の結果に矛盾する．したがって，$k \leq m - 3$ でなければならない．つまり，u の特異点集合 S_u に対して，$\dim^{\mathcal{H}}(S_u) \leq m - 3$ である．　　　□

　本書では Du の 2 次形式の積分，

$$\int A_{ij}^{\alpha\beta}(x, u) D_\alpha u^i D_\beta u^j dx, \quad \int g^{\alpha\beta}(x) h_{ij}(x, u) D_\alpha u^i D_\beta u^j dx$$

で与えられる汎関数に話題を絞って，その最小点となる関数の正則性に関して得られたジャクインタ–ジュスティによる結果まで，「最短コース[62]」をたどって」，たどり着くことを目標とした．扱った問題は極めて限定されたタイプであるが，これまでに紹介したモレー空間・カンパナート空間の理論，逆ヘルダー不等式，次元降下法等々は，他のタイプの汎関数に対する正則性理論においてもしばしば重要な役割を果たし，今日でも極めて有用である．

[62] これこそ変分法の精神！… というつもりはないが…．

6.5 そして…

さて，ここまでで本書の目標に到達したが，解説したのは 1980 年

代の結果なので，その後の発展を多少述べて，締めくくりとしたい．

本書で扱った汎関数のより一般な形，

$$\mathcal{F}(u;\Omega) = \int_\Omega f(x,u,Du)dx$$

と表される汎関数は，被積分関数 f の Du に関する増大度によって分類されている．すなわち，ある定数 $\Lambda \geq \lambda > 0,\ q \geq p > 0$ と $C \geq 0$ に対して，

$$\lambda|\xi|^p - C \leq f(x,u,\xi) \leq \Lambda|\xi|^q + C$$

をすべての $(x,u,\xi) \in \Omega \times \mathbb{R}^n \times \mathbb{R}^{mn}$ で満たしているとするとき，$p = q$ なら**標準的増大度**または**増大度 p** と呼び，$q > p$ のとき**非標準的増大度**または**増大度 (p,q)** と呼ぶ[63]．本書で扱ったのは標準的増大度 $(p = 2)$ の特別な場合である．本書第 4 章から第 6 章の内容のほとんどは，わずかな修正で一般の増大度 p $(p > 1)$ の場合に適用できる．すなわち，

$$\mathcal{F}_p(u;\Omega) := \int_\Omega \left(A_{ij}^{\alpha\beta}(x,u)D_\alpha u^i D_\beta u^j \right)^{p/2} dx$$

で与えられる汎関数に対しても，同様に部分正則性の結果を得ることができる．では，なぜ $p = 2$ の場合に限ったかというと，frozen functional の最小点が満たす (6.2.10) を得ることが，一般の p に対してはかなり難しいからである．実際，v が $\mathcal{F}_p$ に対する frozen functional，

$$\int_\Omega \left(A_{ij}^{\alpha\beta}(x_0,u_R)D_\alpha u^i D_\beta u^j \right)^{p/2} dx$$

を最小化するとき，v は (6.2.10) に対応する次の評価式，

$$\int_{B_r} |Dv|^p dx \leq C \left(\frac{r}{R}\right)^m \int_{B_R} |Dv|^p dx \qquad (6.5.27)$$

を満たすことが知られていて，(6.2.10) の代わりに (6.5.27) を用いれば，第 6 章とほぼ同様の議論により $\mathcal{F}_p$ に対する部分正則性の結果が得られる．問題は (6.5.27) を示すことで，(6.2.10) を得たときのように線形方程式系に対する結果を利用することはできない．この評価式 (6.5.27) は，$p \geq 2$ に対してはウーレンベック[64] [18]，

[63] 実は，standard growth 等の日本語訳は，まだ見たことがなかった．「標準的増大度」等の訳は，本書（及び科研費の書類）を書くにあたって，著者が勝手に付けたものである．

[64] Karen Uhlenbeck (1942 –)．幾何学的偏微分方程式，変分問題，ゲージ理論，可積分系等の分野に数々の重要な業績を残すアメリカの数学者．京都で開催された ICM (1990) における全体講演の招待講演者の一人．

174 ▶ **6** 部分正則性

$1 < p < 2$ に対してはアチェルビ–フスコ[65] [1] によって得られたものである．これらを解説するにはハルナックの不等式，モーザーの反復法等のかなり大掛かりな準備が必要であり，当然大幅なページ数増となるため，断念した．

さて，標準的増大度と非標準的増大度では，前者のほうが条件が強いために扱いやすく，すでに膨大な結果が得られている．一方，非標準的増大度のほうはまだまだ研究の余地があり，2018 年現在でも，盛んに論文が出続けている．

変分問題の解の正則性に関して，近年どこまで研究が進んでいるかを知りたい方には，まずミンジョーネ[66] による [16] をお薦めする．"dark side" などと怪しげなサブタイトルが付いているが，内容はいたって真面目で 2006 年頃までの結果がほぼ網羅されていて，膨大な参考文献も紹介されており，とてもよい総合報告となっている．ただし，[16] も今や（本書執筆時）10 年以上前の文献なので，その後，多くの論文がこの分野で発表されており，こうしている間にもどんどん進歩しているのである…．

[65] ともに変分問題，非線形偏微分方程式に関して多くの重要な業績を残している．Emilio Acerbi (1955–). パルマ大学教授．Nicola Fusco (1956–). Caccioppoli 賞受賞者，ICM(2010) 招待講演者，ナポリ大学教授．

[66] Giuseppe Mingione (1972–). 変分問題，非線形偏微分方程式論，ポテンシャル論等．Caccioppoli 賞等華々しい受賞歴．パルマ大教授．ちなみに，Research Gate（研究者向けの SNS）で彼の欄を見ると，写真がダース・ベイダーになっている．

参考文献

1. E. Acerbi and N. Fusco. Regularity for minimizers of nonquadratic functionals: the case $1 < p < 2$. *J. Math. Anal. Appl.*, 140(1):115–135, 1989.

2. E. De Giorgi. Sulla differenziabilità e l'analiticità delle estremali degli integrali multipli regolari. *Mem. Accad. Sci. Torino. Cl. Sci. Fis. Mat. Nat. (3)*, 3:25–43, 1957.

3. E. De Giorgi. Un esempio di estremali discontinue per un problema variazionale di tipo ellittico. *Boll. Un. Mat. Ital. (4)*, 1:135–137, 1968.

4. M. Giaquinta. *Multiple integrals in the calculus of variations and nonlinear elliptic systems*, volume 105 of *Annals of Mathematics Studies*. Princeton University Press, Princeton, NJ, 1983.

5. M. Giaquinta and E. Giusti. On the regularity of the minima of variational integrals. *Acta Math.*, 148:31–46, 1982.

6. M. Giaquinta and E. Giusti. The singular set of the minima of certain quadratic functionals. *Ann. Sc. Norm. Sup. Pisa*, 9:45–55, 1984.

7. M. Giaquinta and L. Martinazzi. *An introduction to the regularity theory for elliptic systems, harmonic maps and minimal graphs*, volume 11 of *Appunti. Scuola Normale Superiore di Pisa (Nuova Serie) [Lecture Notes. Scuola Normale Superiore di Pisa (New Series)]*. Edizioni della Normale, Pisa, second edition, 2012.

8. M. Giaquinta and G. Modica. Regularity results for some classes of higher order nonlinear elliptic systems. *J. für reine und angew Math.*, 311/312:145–169, 1979.

9. M. Giaquinta, G. Modica, and J. Souček. *Cartesian currents in the calculus of variations. I*, volume 37 of *Ergebnisse der Mathematik und ihrer Grenzgebiete. 3. Folge. A Series of Modern Surveys in Mathematics [Results in Mathematics and Related Areas. 3rd Series. A Series of Modern Surveys in Mathematics]*. Springer-Verlag, Berlin, 1998. Cartesian currents.

10. D. Gilbarg and N. S. Trudinger. *Elliptic partial differential equations of second*

order, (2nd edition, revised 3rd printing). Springer Verlag, 1998.

11. E. Giusti. *Minimal surfaces and functions of bounded variation,* volume 80 of *Monographs in Mathematics.* Birkhäuser Verlag, Basel, 1984.

12. E. Giusti. *Direct methods in the calculus of variations.* World Scientific Publishing Co. Inc., River Edge, NJ, 2003.

13. E. Giusti and M. Miranda. Sulla regolarità delle soluzioni deboli di una classe di sistemi ellittici quasi-lineari. *Arch. Rational Mech. Anal.,* 31:173–184, 1968/1969.

14. J. Jost and M. Meier. Boundary regularity for minima of certain quadratic functionals. *Math. Ann.,* 262(4):549–561, 1983.

15. N. G. Meyers and J. Serrin. $H = W$. *Proc. Nat. Acad. Sci. U.S.A.,* 51:1055–1056, 1964.

16. G. Mingione. Regularity of minima: an invitation to the dark side of the calculus of variations. *Applications of Mathematics,* 51(4):355–425, 2006. Lectures Notes of 2005 Paseky school in Fluid Mechanics.

17. J. Nash. Continuity of solutions of parabolic and elliptic equations. *Amer. J. Math.,* 80:931–954, 1958.

18. K. Uhlenbeck. Regularity for a class of nonlinear elliptic systems. *Acta Math.,* 138:219–240, 1977.

19. ハイム・ブレジス（藤田宏・小西芳雄訳）. 『関数解析–その理論と応用に向けて』. 産業図書, 1988.

20. ユルゲン・ヨスト（小谷元子訳）. ポストモダン解析学（原書第 3 版）, 2012.

21. 伊藤清三. 『ルベーグ積分入門』. 裳華房, 1963.

22. 柴田良弘. 『ルベーグ積分論』. 内田老鶴圃, 2006.

23. 谷島賢二. 『ルベーグ積分と関数解析』（講座・数学の考え方 13）. 朝倉書店, 2002.

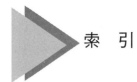

索 引

$\rightrightarrows$, 18
$[\,\cdot\,]_\alpha([\,\cdot\,]_{D,\alpha})$, 22
$\cong$, 72
$\Delta_{\gamma,h}$, 57
$\Delta_{\gamma,h}\Omega$, 57
diam, 29
esssup, 14
$\mathcal{L}^{p,\lambda}$, 70
a.e., 12
$\fint u\,dy$, 70
$\tau_{\gamma,h}$, 57
$\rightharpoonup$, 17
$C^{0,\alpha}(\Omega)$, 22
$C^{0,\alpha}(\overline{\Omega})$, 22
$C^{k,\alpha}(\Omega)$, 22
$C^{k,\alpha}(\overline{\Omega})$, 22
$C_0^k(\Omega)$, 12
$L^{p,\lambda}(\Omega)$, 69
L^p, 13
L^p_{loc}, 14
p^*, 28
p_*, 29
$u_{x,r}$, 70
$W^{k,p}$, 25
$:=$, 12

frozen functional, 136
higher integrability, 119
quadratic 汎関数 (quadratic functional), 135

ア
穴埋め法 (hole-filling method), 123
イェンゼンの不等式 (Jensen's inequality), 135
エゴロフの定理 (Egolov's theorem), 13
L^p-空間 (L^p-space), 13

オイラー–ラグランジュ方程式 (Euler-Lagrange equation), 43

カ
カッチョッポリの不等式 (Caccioppoli inequality), 52
カルデロン–ジグムント立方体 (Calderón-Zygmund cube), 99
カンパナート空間 (Cammanato space), 70
ガンマ関数, 132
逆ヘルダー不等式 (reverse Hölder inequality), 104
強収束 (strong convergence), 18
極小曲面 (minimal surface), 6, 45
局所的最小点 (local minimizer), 120
局所的に最小化する (locally minimize), 120
k-階偏微分方程式 (k-th order partial differential equation), 49
コンパクト作用素 (compact operator), 33

サ
最小化列 (minimizing sequence), 35
差分商 (difference quotient), 57
差分商法，差分商による方法 (difference quotient method), 55
次元降下法 (dimension reduction argument), 163
弱解 (weak solution), 44
弱収束 (weak convergence), 17
弱微分 (weak derivative), 24
収束性補題 (convergence lemma), 146
赤道写像 (equator map), 95
線形汎関数 (linear functional), 16
線形偏微分方程式 (linear partial

differential equation), 49
増大度 p(p-growth), 174
増大度 (p, q)((p, q)-growth), 174
双対空間 (dual space), 17
ソボレフ関数, ソボレフ写像 (Sobolev function, Sobolev map), 25
ソボレフ空間 (Sobolev space), 25
ソボレフ空間における弱収束 (weak convergence in Sobolev spaces), 26
ソボレフの不等式 (Sobolev inequality), 30
ソボレフの埋蔵定理 (Sobolev imbedding theorem), 28
ソボレフ ノルム (Sobolev norm), 25
ソボレフ・ポアンカレの不等式 (Sobolev-Poincaré inequality), 32
ソボレフ–モレーの定理・不等式 (Sobolev-Morrey iheorem, inequality), 31

タ
第 1 変分 (first variation), 43
多重指数 (multi index), 21
単調性補題 (monotonicity lemma), 155
単独方程式, 50
調和関数 (harmonic function), 45
直接法 (direct method), 41
ディリクレ境界条件 (Dirichlet boundary condition), 37
ディリクレ条件 (Dirichlet condition), 7
テスト関数 (test function), 44
点列的下半連続 (sequentially lower semicontinuous) , 35
同型 (isomorphic), 72
凸 (convex), 38

ハ
ハウスドルフ次元 (Hausdorff dimention), 133
ハウスドルフ測度 (Hausdorff measure), 132
バナッハ–アラオグルーの定理 (Banach-Alaogulu theorem), 18

バナッハ空間 (Banach space), 16
汎関数 (functional), 16
汎弱収束 (weak-$*$ convergence), 17
反射的バナッハ空間 (reflexive Banach space), 19
反復法 (iteration argument), 141
非線形偏微分方程式 (non-linear partial differential equation), 49
非標準的増大度 (nonstandard growth), 174
標準的増大度 (standard growth), 174
ヒルベルト空間 (Hilbert space), 17
ファトゥの補題 (Fatou's Lemma), 12
部分正則性 (partial regularity), 134
部分積分 (integration by parts), 24
ブロー・アップ法 (blow up (method)), 161
ヘルダー空間 (Hölder space), 22
ヘルダー連続 (Hölder continuous), 22
偏微分方程式系 (system of partial differential equations), 49
変分原理 (variational principle), 1
変分法 (calculus of variations), 1
変分法の基本補題 (fundamental lemma of calculus of variations), 15
変分問題 (Variational Problem), 1
ポアンカレの不等式 (Poincaré inequality), 31
ほとんどいたるところ (alomost everywhere), 12
ほとんどすべて (almost all), 12

マ
メイヤーズ–セリンの定理 (Meyers-Serrin theorem), 26
モレー空間 (Morrey space), 69

ヤ
ヤングの不等式 (Young's inequality), 51
有界線形汎関数 (bounded linear functional), 16

ラ

ラプラシアン (Laplacian), 45

ラプラス方程式 (Laplace equation), 45

リースの表現定理 (Riesz representation theorem), 20

リプシッツ連続 (Lipschitz continuous), 22

ルージンの定理 (Lusin's theorem), 13

ルジャンドル–アダマール条件 (Legendre-Hadamard condition), 50

ルジャンドル条件 (Legendre condition), 50

ルベーグ–スティルチェス積分 (Lebesgue-Stieltjes integral), 102

ルベーグ点 (Lebesgue point), 15

ルベーグの微分定理 (Lebesgue's differentiation theorem), 15

ルベーグの優収束定理 (Lebesgue's dominated convergence theorem), 13

レリッヒのコンパクト性定理 (Rellich compactness theorem), 33

著者紹介

立川　篤（たちかわ あつし）

1979 年　慶應義塾大学工学部数理工学科 卒業
1986 年　慶應義塾大学大学院工学研究科数理工学専攻博士後期課程 修了（工学博士）
1986 年　慶應義塾大学商学部 助手
1988 年　静岡大学教養部 助教授
1997 年　東京理科大学理工学部数学科 助教授
2002 年　東京理科大学理工学部数学科 教授

大学数学 スポットライト・シリーズ⑧
変分問題
——直接法と解の正則性

ⓒ 2018 Atsushi Tachikawa
Printed in Japan

2018 年 4 月 30 日　　　初版第 1 刷発行

著　者　　　立　川　　篤

発行者　　　井　芹　昌　信

発行所　　　株式会社 近代科学社

〒 162-0843　東京都新宿区市谷田町 2-7-15
電話　03-3260-6161　振替　00160-5-7625
http://www.kindaikagaku.co.jp

藤原印刷　　　ISBN978-4-7649-0565-8
定価はカバーに表示してあります.

統計スポットライト・シリーズ **1**

編集幹事　島谷健一郎・宮岡悦良

現場主義統計学のすすめ
―野外調査のデータ解析―

著者：島谷 健一郎

統計スポットライト・シリーズ **1**
編集幹事 島谷健一郎・宮岡悦良

現場主義統計学の
すすめ ――野外調査のデータ解析

島谷健一郎 著

近代科学社

A5 判・136 頁・定価 2,200 円＋税

　　統計分野で不可欠となる数理やデータ解析法を解説する統計スポットライト・シリーズの第 1 巻。
　　本書は統計数理学とフィールド生物学の双方が互いの現場に踏み込み，同じモノを見ながら新しい発想や発見に至る過程を 3 つの事例により紹介。統計モデルで得た知見がフィールド調査といかに統合しうるか体感できる実践の書である。